人物篇

想闪耀中国

读者杂志社　编

🐝 读者出版社

图书在版编目（CIP）数据

梦想闪耀中国 / 读者杂志社编. -- 兰州 ：读者
出版社，2025. 6. -- ISBN 978-7-5527-0886-8

Ⅰ. B848.4-49

中国国家版本馆CIP数据核字第20255TC994号

梦想闪耀中国

读者杂志社　编

总 策 划　宁　恢　王先孟
策划编辑　赵元元　王书哲
责任编辑　张　远
封面设计　杨　欣
版式设计　甘肃·印迹

出版发行　读者出版社
地　　址　兰州市城关区读者大道568号(730030)
邮　　箱　readerpress@163.com
电　　话　0931-2131529(编辑部)　0931-2131507(发行部)

印　　刷　北京盛通印刷股份有限公司
规　　格　开本710毫米×1000毫米　1/16
　　　　　印张13　字数202千
版　　次　2025年6月第1版
　　　　　2025年6月第1次印刷
书　　号　ISBN 978-7-5527-0886-8
定　　价　59.80元

目 录

壹

以心中红星，
献礼盛世中华

隐姓埋名28年，铸核盾卫和平——于敏

邵 峰

在中国核武器发展历程中，"氢弹之父"于敏所起的作用是至关重要的。因为他，如今的中国才能和美、俄、英、法比肩，成为全球拥有氢弹的五个国家之一。

少年励志

1926年8月16日，于敏出生于河北省宁河县芦台镇（今天津市宁河区）。于敏的父母都是普通的小职员。和其他普通家庭一样，夫妻俩起早贪黑地工作，只为赚取微薄的收入养家糊口。对于这个聪明的儿子，他们并没有过多的时间去教导。

于敏自幼喜欢读书，有过目不忘之能，书中的那些人物，如诸葛亮、岳飞等都是他崇敬的对象。和许多热血少年一样，当看到岳飞荡寇平虏、诸葛亮兴复汉室的壮志时，于敏总是想象着有朝一日自己也能够为国家崛起效力，建功立业。

虽然家境贫寒，但是于敏聪明好学、机智过人。他在天津耀华中学念高中时，就以各科第一闻名全校。

1944年，他顺利考入北京大学。但恰逢此时，父亲突然失业，在同窗好友的资助下，于敏才得以进入北大求学。

于敏刚刚进入北大时读的是工学院机电系，后来他发现，工学院强调的是知识的运用，而他更喜欢探索未知的领域，喜欢寻根探源，沉浸在纯粹的理论之中。1946年，于敏转入理学院，将自己的专业方向定为理论物理，从此便沉浸在物理学领域一发不可收拾。

1949年大学毕业时，于敏以第一名的成绩考上了北大理学院的研究生。读研究生的于敏更是以聪慧闻名北大，让导师张宗燧大为赞赏。

国产专家

1951年，于敏以优异的成绩毕业。很快，他被慧眼识才的钱三强、彭桓武调到中国科学院近代物理研究所，专心从事原子核理论研究。这个研究所集中了当时中国核领域的顶尖人才，其中就有于敏日后的挚友、"两弹一星"元勋邓稼先。

在进入研究所之前，于敏研究的是量子场论。于敏进入研究所时，我国已经开始了原子弹的理论研究。

量子物理和原子核物理是两个完全不同的物理学分支，于敏必须从头学起。但学习对于敏来说，从来就不是一件难事。在不到四年的时间里，于敏不仅掌握了国际核物理的发展趋势和研究焦点，还在关于核物理研究的关键领域，写出许多有重大影响力的论文和专著，其中就包括于敏与杨立铭教授合著的我国第一部原子核理论专著《原子核理论讲义》。

诺贝尔物理学奖获得者、日本理论物理学家朝永振一郎曾跑到中国，点名要见见于敏这位奇才。一番学术交流后，朝永振一郎问道："于先生是从国外哪所大学毕业的？"于敏风趣地说："在我这里，除ABC外，基本都是国产的！"在得知于敏是一个从来没有出过国，也没有受过外国名师指导，靠独自钻就研获得如此巨大研究成果的本土学者后，朝永振一郎震惊得说不出话来。

隐姓埋名

1961年，于敏已经是国内原子核理论研究领域的顶级专家，为我国原子弹工程做出了很大的贡献。但是这一年，他接到了新的任务。

1月的一天，于敏奉命来到钱三强的办公室。一见到于敏，钱三强就直截了当地对他说："经所里研究，并报上级批准，决定让你参加氢弹理论的预先研究，你看怎么样？"

从钱三强极其严肃的神情和语气里，于敏明白了，国家正在全力研制第一颗原子弹，氢弹的理论论证也要尽快进行。

接着，钱三强拍拍于敏的肩膀，郑重地对他说："咱们一定要把氢弹研制出来。我这样调兵遣将，请你不要有什么顾虑，相信你一定能干好！"

钱三强之所以这样说，是因为他知道，原子弹和氢弹是两个完全不同的东西，一个是重核裂变，一个是轻核聚变，在理论研究上基本没有联系。让一个原子核物理专家去研究氢弹理论，不亚于强迫一只飞鸟去大海里学游泳。

于敏若接受氢弹研究的任务，就意味着他得放弃持续了10年、已取得很大成绩的原子核研究，在一个基本不了解的领域从头开始。而且那个时候，氢弹理论在国内基本处于真空状态，找不到任何可供参考和学习的东西。虽然此时美、英、苏三国已经成功研制出氢弹，但是关于氢弹的资料都是绝密的，于敏研究氢弹，只能靠自己。

思考片刻后，于敏紧紧握着钱三强的手，点点头，毅然接受了这一重要任务。

这个决定改变了于敏的一生。从此，从事氢弹研究的于敏便隐姓埋名，全身心投入深奥的氢弹理论研究工作。

研究工作初期，于敏几乎是从一张白纸开始。他拼命学习，在当时中国遭受重重封锁的情况下，尽可能多地搜集国外相关信息，进行艰难的理论探索。

与此同时，法国也在研制氢弹，法国的研究条件更好，而且已经研究了好几年。很多人都认为，法国一定会在中国之前研制出氢弹。

那个时候，可以说除了知道氢弹是聚变反应，我国对氢弹的研究基本上是一片空白，于敏想去图书馆的书库中寻找与氢弹相关的点滴资料，就如同大海捞针。而于敏的天才之处就在于此：既然找不到资料，那就自己去研究！

于敏研究氢弹理论的过程，完全可以媲美爱因斯坦思考出相对论的过程。二者都是不靠资料支持，完全凭无与伦比的智慧思考出来的。仅仅3年时间，于敏就解决了氢弹制造的理论问题，突破了氢弹技术途径。

从原子弹到氢弹，按照突破原理试验的时间比较，美国用了7年3个月，英国用了4年7个月，苏联用了4年。其中一个重要原因，就在于计算的繁复，而中国当时的设备根本无法与他们相比。国内当时仅有一台每秒万次的电子管计算机，并且95%的时间分配给了有关原子弹的计算，只剩下5%的时间留给于敏用于氢弹研究。

没有计算机辅助计算，就用最原始的方法。于敏带领工作组人员人手一把计算尺，废寝忘食地计算。一篇又一篇论文交到钱三强手里，一个又一个未知的领域被攻克。

中国"氢弹之父"

在解决完理论问题后，接下来就是氢弹的制造问题了。但氢弹的制造难度比原子弹要高千百倍。

1964 年，邓稼先和于敏见面，进行了一次长谈，这两位顶级物理天才在一起，梳理了我国这些年氢弹研究的历程，很快制订出一份全新的氢弹研制计划。此后，二人分工合作，共同开始了我国第一颗氢弹的研制工作。

1964 年 10 月 16 日，我国第一颗原子弹爆炸成功，在世界上引起轰动。

1965 年，于敏调入二机部第九研究设计院。9 月，38 岁的于敏带领一支小分队赶往上海华东计算机研究所，抓紧设计了一批模型。但这种模型重量大、威力比低、聚变比低，不符合要求。于敏带领科研人员总结经验，随即又设计出一批模型，发现了热核材料自持燃烧的关键，解决了氢弹原理方面的重要课题。

于敏高兴地说："我们到底牵住了'牛鼻子'！"他当即给北京的邓稼先打了一个电话。为了保密，于敏使用的是只有他们才能听懂的暗语，暗指氢弹研制工作有了突破。于敏说："我们几个人去打了一次猎……打中了一只松鼠。"邓稼先听出是好消息，问道："你们美美地吃了一餐野味？""不，现在还不能把它煮熟……要留作标本……我们有新奇的发现，它身体结构特别，需要做进一步的解剖研究，可是……我们人手不够。""好，我立即赶到你那里去。"

这一年，于敏提出了氢弹从原理到构型的完整设想，解决了制造热核武器的关键性问题。通过于敏和邓稼先等人的努力，我国氢弹研究开始从理论转入制造，我国第一颗氢弹爆炸只是时间问题。

而此时，法国的研究依然停留在氢弹构型问题上。

1967 年 6 月 17 日早晨，载有氢弹的飞机进入罗布泊上空。8 时 20 分，随着指挥员"起爆"的指令，机舱随即打开，氢弹携着降落伞从空中疾速落下。十几秒钟后，一声巨响，碧蓝的天空翻腾起熊熊烈火，传来滚滚雷鸣……当日，新华社向全世界庄严宣告："今天，中国的第一颗氢弹在中国西部地区上空爆炸成功！"中国自此成为世界上第四个拥有氢弹的国家！

三次与死神擦肩而过

在研制氢弹的过程中，于敏曾 3 次与死神擦肩而过。

1969 年年初，因奔波于北京和大西南之间，也由于沉重的精神压力和过度的劳累，于敏的胃病日益加重。当时，我国正在准备首次地下核试验和大型空爆热试验。那时他身体虚弱，走路都很困难，上台阶要用手帮着抬腿才能慢慢地上去。

热试验前，当于敏被同事们拉着到小山岗上看火球时，他头冒冷汗、脸色苍白。大家见他这样，赶紧让他就地躺下，给他喂了些水。过了很长时间，他才慢慢地恢复过来。由于操劳过度和心力交瘁，于敏在工作现场几至休克。直到 1971 年 10 月，上级考虑到于敏的贡献和身体状况，才特许已转移到西南山区备战的于敏的妻子孙玉芹回京照顾。

一天深夜，于敏感到身体很难受，就喊醒了妻子。妻子见他气喘，赶紧扶他起来。不料于敏突然休克，经抢救方转危为安。后来，许多人想起那一幕都感到后怕。

出院后，于敏的身体还没有完全康复，他又奔赴祖国西北地区。由于常年得不到休息，1973 年，于敏在返回北京的列车上开始便血，回到北京后立即被送进医院检查。在急诊室输液时，他又一次休克。

在中国核武器研发历程中，于敏所起的作用是至关重要的。于敏说，自己是一个和平主义者。正是因为怀抱着对和平的强烈渴望，才让本有可能走上科学巅峰的自己，将一生奉献给了祖国的核武器研发事业。

于敏认为自己这一生有两个遗憾：一是没有机会到国外交流深造；二是对孩子们不够关心。

其实，于敏有很多次出国的机会，但是由于工作的关系，他都放弃了。

从 1961 年到 1988 年，于敏的名字一直是保密的。1988 年，于敏的名字解禁后，他第一次走出国门。

　　于敏婉拒了"氢弹之父"的称谓。他说，一个现代化的国家没有自己的核力量，就不能算真正的独立。一个人的名字早晚是要让人遗忘的，能把微薄的力量融入祖国的强盛中，他便聊以自慰了。

五年归国路，十年两弹成——钱学森

周秋兰

钱学森，这个名字在中国历史上熠熠生辉。他不仅是中国航天事业的奠基者，更是为祖国的发展与腾飞作出了卓越贡献的伟大科学家。他的一生充满了艰辛与曲折，但无论面临多么巨大的阻力，他始终不忘初心，用自己的实际行动诠释什么是真正的爱国精神。

1911 年，钱学森出生在上海的一个书香世家。他自小天资聪颖，对科学表现出极大的兴趣。1929 年，他考入铁道部交通大学上海本部（今上海交通大学）机械工程学院，毕业后以优异的成绩获得公费留学机会，赴美国求学。在那个年代，家国的命运牵动着每一个有志之士的心。钱学森先后在麻省理工学院和加州理工学院深造。在加州理工学院，他师从世界著名科学家冯·卡门。钱学森年纪轻轻便参与了美国航空工程的重要研究，甚至成为加州理工学院的终身教授，参与了喷气式飞机的研发工作，帮助美国军方解决了航空领域的重大技术难题。

在那个年代，成为加州理工学院的终身教授是许多人梦寐以求的成就，对于一名年轻的中国科学家来说，这份荣耀更显得难能可贵。然而，尽管钱学森在美国取得了巨大的成就，他的心却从未离开过自己的祖国。他曾说："我的事业在中国，我的成就在中国，我的归宿在中国。"他知道，中国正需要像他这样的科学家来推动国防和航天事业的发展。

1949年，中华人民共和国成立的消息传到钱学森耳中，他立刻产生了回国的念头。然而，这个决定却引起了美国当局的极大关注和阻挠。美国人深知钱学森在航空领域的杰出贡献，他们害怕钱学森回国后，会大幅提升中国的科技实力，尤其是在军事领域。于是，钱学森被扣上了"间谍"的罪名，并遭到了长达5年的软禁。

在这段暗无天日的时光里，钱学森经受了无数精神和肉体的折磨。每天，他都要面对美国当局无休止的审讯与监视，甚至在某些日子里，每隔十分钟就会被探查有没有逃走。即便如此，钱学森从未动摇回国的决心。正是这份对祖国的深情厚谊，支撑着他度过了最艰难的时刻。

最终，经过国家的不懈努力，钱学森才得以重获自由。1955年，44岁的钱学森带着妻子和两个孩子，终于踏上了返回祖国的旅程。面对美国当局的一再诱惑与威胁，钱学森坚定地拒绝，他用实际行动表明了自己心中最坚定的信念——"学成必归，报效祖国"。

回国后的钱学森并没有片刻的松懈，立即投入中国的国防事业中。当时的中国刚刚经历过朝鲜战争，国防力量薄弱，特别是导弹技术几近于无。钱学森认识到，拥有自己的导弹技术，才是国防建设的根本。他提出"自主研发"的策略，并亲自领导了中国第一枚导弹——"东风一号"的研制工作。

1960年11月5日，"东风一号"在西北荒漠成功发射，结束了中国没有导弹的历史。这一历史性时刻不仅是钱学森的个人荣耀，更是全体中国科学家和人民的胜利。在此后的岁月里，钱学森继续带领团队攻克技术难关，为中国的国防事业奠定了坚实的基础。

导弹的成功研发只是钱学森科学事业的一个阶段性成就，更大的挑战在于将原子弹与导弹结合，实现真正的战略威慑。1964年，中国第一颗原子弹成功爆炸，但要将原子弹和导弹结合在一起，技术难度极大。当时，中国的科技实力远不如西方国家，甚至连基本的零部件生产能力都十分有限。钱学森面临着巨大的压力，但他没有放弃。他决定采取适合中国国情的研发策略，利用现有资源，逐步突破技术瓶颈。最终，经过无数个日夜的努力，钱学森和他的团队成功实现了两弹结合，为中国赢得了战略上的主动权。

钱学森坚信中国人民的智慧和能力，认为只要充分发挥中国人民的聪明才智，就没有克服不了的困难。他经常说："外国人能搞的，难道中国人不能搞？""我们不能人云亦云，这不是科学精神，科学精神最重要的就是创新。"正是由于他坚持自主研发，中国的导弹和航天事业才得以不断突破，在全球范围内赢得了尊重和认可。

钱学森不仅自己投身科研，还致力于培养新一代的科技人才，他在中国科学技术大学等院校亲自授课，为中国的科技发展输送了大批人才。

晚年的钱学森即使已行动不便，依然关心着国家的科技发展。他经常通过写信等方式与党和国家、军队的领导人，以及各个领域的专家学者探讨各种重大现实问题，提出自己的建议、解决方案和前瞻性的战略思考，为国家的发展贡献自己的智慧。

钱学森说："我作为一名中国的科技工作者，活着的目的就是为人民服务。如果人民最后对我的一生所做的工作表示满意的话，那才是最高的奖赏。"他的一生，也是如此践行的。

钱学森用自己的毕生心血，为中国航天事业奠定了坚实的基础。他的成就不仅改变了中国的国防和航天事业，也深深影响了无数人的人生选择。他用行动证明了，真正的科学家，不仅要有卓越的智慧，更要有为国奉献的崇高精神。

你想成为什么，取决于你做了什么——钱伟长

巫 晗

有这样一个人，物理只考了5分，却成为中国"力学之父"——他就是"三钱"之一的钱伟长院士。他以文史满分的成绩进入清华，最终却以理科研究扬名立万，称得上是"中国最强偏科生"。短短几句话道不尽钱伟长教授的一路坎坷，但他用一颗清澈热烈的中国心，用行动向后人诠释人生命题——你想成为什么样的人，取决于你做了什么。

"我忠于中国"

1912年，钱伟长出生于江苏无锡。恰逢国家内忧外患，钱父借鉴"建安七子"徐干的字，希望钱伟长能效仿古代能人志士，有所作为。而钱伟长没有辜负长辈的希冀，用行动践行了自己口中的"我忠于中国"。

钱伟长的祖辈父辈都是乡村教师，十分注重后辈的教育。钱父严格要求钱伟长，书写时要布局端正，并引经据典。因此，钱伟长自幼便能熟读国学经典，出口便是妙章。当时只看成绩总分，钱伟长凭借文史满分，成功被清华大学中文系录取。本来他应该沿袭文学的道路，但当时的形势却给钱伟长的人生带来了天翻地覆的变化。

1931 年 9 月 18 日，日本蓄意制造并发动侵华战争。面对侵略者的飞机大炮，钱伟长意识到文学这条道路不能救国家于水火，于是他果断向学校申请转入物理系。学校起初并不赞同钱伟长的做法。要知道，钱伟长以文史满分进入清华大学，而他的理化英总分才 25 分，物理甚至才 5 分。但钱伟长不认命，每天在教室、图书馆、寝室三点一线，硬生生转入了物理系。从物理只有 5 分的偏科生到在物理系崭露头角，钱伟长付出了常人难以想象的努力，支撑他砥砺前行的，是他对国家的热爱。

钱伟长以全校第一的成绩从清华大学毕业，留学加拿大，并经过教授举荐，任职美国加州研究所。由于学术成果丰厚，美国给钱伟长开出了 8 万美元的年薪，当时美国人均年薪才 2000 美元，足以说明美国对他的重视。但当抗战胜利的消息传来，钱伟长果断放弃高薪，入职清华，成为一名月薪只够买两个暖水瓶的贫苦教授。钱伟长不在意身外之物，任劳任怨，只为培养出更多优秀学生。当时学校只要求教授一周上六节课，他却不辞辛劳地上十七节。1947 年，还在美国的钱学森访问清华，见到钱伟长如此穷困，提出重新引荐他回美国。钱伟长捏着薄薄的调查表，凝视着上面的一行字："如果中美开战，你是否会忠于美国？"他知道，只要在上面写下"YES"，他就可以享受荣华富贵。但他放弃了，认真地在表格上写下了"NO"。对此钱伟长只是笑着说："我是中国人。"短短的五个字，是钱伟长爱国情怀最浓烈的体现。

在这位贫苦的年轻人身上，流淌着"纵使前方诸多险阻，我辈依然义不容辞"的血液。即使被美国拉入黑名单，钱伟长也毫不在意，他的眼里只有百废待兴的祖国。他完美诠释了"清澈的爱，只为中国"。

"本文不必参考任何文献"

钱伟长的爱国热情令后代仰望，同样，作为一名学者，他在专业领域的发展更是令人望尘莫及。钱伟长成功转到物理系后，遇到的难题并没有减少，第一个难题就是语言。对于英语，他是一窍不通的。物理系的教授往往用英语授课，最初钱伟长连认英语教材上的单词都十分吃力，更别说教授们的口头表达。面对宛若天书的英语课文，钱伟长并不气馁，他拿着英语字典开始学习，一本崭新的字典被他翻得翘起了边，他的英语水平也突飞猛进。谁能想到之前连单词都不认得的英语"小白"，后来竟然能够在课堂上用英语和教授侃侃而谈。这巨大的转变正是因为钱伟长不怕困难的进取精神和严谨细微的治学态度。

赴多伦多大学留学之前，钱伟长已经是国内崭露头角的青年物理学家。这样一位有所成就的学者，留学应当是顺利的，但事实并非如此。当时国际学界不认可中国人的创新能力，可钱伟长仅用了不到50天就让西方科学家刮目相看，他的论文《弹性板壳的内禀理论》在世界导弹之父冯·卡门的60岁祝寿文集中发表。这本文集中文章的作者是各个领域的杰出科学家，钱伟长是其中最年轻的学者和唯一的中国人，连爱因斯坦看了钱伟长的论文都赞不绝口。

钱伟长在2002年发表的一篇学术论文《宁波甬江大桥的大挠度非线性计算问题》里有这样一句话——"本文不必参考任何文献"。学者们大多站在前人的肩膀上看世界，需要引用前人的论文来论证自己的观点，而钱伟长用强大的学术实力证明：我就是这个领域最高的权威。这样的自信和从容来源于钱伟长在学术道路上的努力。

"国家需要什么，我就搞什么"

纵观钱伟长的一生，他并没有拘泥于某一舒适圈。从国学经典到物理学，最后在清华大学创立力学系，钱伟长的人生宗旨就是"为了祖国"。

中华人民共和国成立后，在设想科学规划时，钱伟长提出"国家需要什么，就搞什么"，遭到了 400 多位科学家的反对。钱伟长和钱学森、钱三强舌战群儒，致力发展原子能、导弹和航天工业。对于钱伟长来说，这些领域并不是他最擅长的，他明明可以在原本的物理学领域继续当高峰，但为了国家的需要，他放弃个人所长，转身投入新的研究领域。之后，钱伟长发现苏联模式的高等教育并不适应中国国情，提出要重视基础学科，理工结合。此番言论再次引起轩然大波，导致他被停职处理。在这样的情况下，钱伟长已经没有条件继续从事自己的专业研究和教学了。但他仍通过各种途径，把自己科研工作的成果奉献给社会。1958 年至 1966 年间，钱伟长无偿地为许多单位和个人提供技术咨询、资料信息和技术援助，化解了当时国内建设亟需解决的 100 多个技术难题。

钱伟长并不将自己禁锢于某一领域，他追求的是国家的发展，国家需要什么，他就去研究什么，将复杂的研究理论应用到实际问题中。他的研究不为名和利，而是真正做到了"为国家实际需要而读书"。

钱伟长院士怀揣着满腔热情，不计较个人得失，追求国家利益，将自己的全部奉献给祖国。钱伟长院士没有辜负父辈的期望，他把对国家的爱化为一点一滴的行动，这份爱是那样的伟大绵长。

从"叛逆少年"到"中国骄傲"——程开甲

孙伟帅　熊杏林　邹维荣

逝　者

那个参与制造"东方巨响"的人，如今静悄悄地走了。

这一天，是 2018 年 11 月 17 日，一个阳光明媚的日子。"两弹一星"元勋程开甲在北京逝世，享年 100 岁。

54 年前，也是一个阳光明媚的日子，中国第一颗原子弹在罗布泊爆炸。程开甲和他的战友们挺立在茫茫戈壁上，凝望着半空中腾起的蘑菇云，开始欢呼。

在程开甲之前，曾经参与"两弹一星"工程的英雄们，一个接一个地走了。这是一些与国家命运紧密相连的名字：钱学森、朱光亚、任新民、陈芳允……他们留给我们的是一个个不朽的身影、一个个传奇的故事。

很多人的微信朋友圈被程开甲去世的消息刷屏，大家痛惜着送别这位中国"核司令"。很多人或许并不知道，程开甲也曾含泪送别昔日的战友，那场景平淡朴实，可仔细品味却壮怀激烈。

很多人可能不知道，林俊德是程开甲的老部下、老战友。2012 年，北京的春花还未落尽，在解放军总医院，74 岁的林俊德偶遇 94 岁的程开甲。

那时，林俊德的生命已进入倒计时——胆管癌晚期。即便如此，林俊德还是用尽全身的力气到病房探望程开甲。相对无言，唯有心知。看着用尽全身力气站立在自己病床前的林俊德，程开甲的眼睛里满是激动。

这位昔日的老部下颤抖着伸出手，紧紧地抓着程开甲的手。这是两只布满了老年斑的干瘦的手，也正是这两只手，在那个风云激荡的年代，与许许多多只一样有力的手，制造出那一声"东方巨响"。

当林俊德永远离开的时候，程开甲悲痛不已，用颤抖的手写下挽联："一片赤诚忠心，核试贡献卓越。"

男儿有泪不轻弹，只是未到伤心处。对铁骨铮铮的程开甲来说，亦是如此。

2008年，所有人都沉浸在北京奥运会带来的喜悦之中。一位"两弹一星"元勋静悄悄地离开了，他就是张蕴钰。张蕴钰病危时，程开甲赶到他的病床前，执手相看泪眼。两位老人的沉默，饱含着荡气回肠的力量。

程开甲永远都不会忘记，在那段"吃窝窝头来搞原子弹"的艰苦岁月里，张蕴钰给了自己多么大的支持。

张蕴钰走了。程开甲翻出当年那首张蕴钰送给自己的诗："核弹试验赖程君，电子层中做乾坤……"

如今，在金黄秋叶落尽之时，程开甲也走了。也许，他在另一个世界，在那遥远的马兰，又与他的老战友们相聚。

铸 盾

1918年8月3日，程开甲出生在江苏吴江盛泽镇一个经营纸张生意的徽商家庭。祖父程敬斋最大的愿望就是家里能出一个读书做官的人，在程开甲还没有出世的时候，他就早早地为程家未来的长孙取了"开甲"的名字，意为

"登科及第"。然而程祖父每况愈下的身体状态让他在程开甲出生的前夕就撒手人寰。

没能看到孙子实现他的愿望成了他最大的遗憾。这份遗憾让程开甲的父母也对程开甲寄予厚望。

兴许是家中富裕的生活让程开甲"年少不知愁滋味",幼时的程开甲一点也不喜欢学习,加上程家父母对其溺爱,并未多管。

可天有不测风云,就在程开甲以为能在父母的庇佑过完一生时,程家父母却在他8岁左右先后离世。父母的离开让他像一匹脱缰的野马,更加叛逆。

在程开甲12岁这年,不愿拘束在学堂里的他竟然拿了家里的钱跑到上海四处游玩,直到身上的钱花完、被家人找到以后才不得不回了家。回家以后的程开甲被家中长辈痛打一顿,跪在程家祠堂忏悔。这一次,程开甲幡然醒悟,彻底改掉了少年的叛逆,开始挑灯苦读,勤奋学习。

后来的成长轨迹证明,程开甲没有辜负祖父的期望。

1937年,程开甲以优异的成绩考取浙江大学物理系的公费生。

1941年,程开甲大学毕业留校任助教。

1946年,经李约瑟推荐,程开甲获得英国文化委员会的奖学金,来到爱丁堡大学,成为有着"物理学家中的物理学家"之誉的玻恩教授的学生。

1948年,程开甲获得爱丁堡大学的博士学位,由玻恩推荐,任英国皇家化学工业研究所研究员。

1950年,沐浴着新中国旭日东升的阳光,程开甲谢绝了导师玻恩的挽留,回到阔别已久的祖国。

回国前的一天晚上,玻恩和程开甲长谈了一次。知道他决心已定,导师便叮嘱他:"中国现在条件很艰苦,你要多买些吃的带回去。"他感激导师的关心,但在他的行李箱里,什么吃的也没有,全是他购买的建设新中国急需的固体物理、金属物理方面的书籍和资料。

程开甲先在母校浙江大学任教，担任物理系副教授。1952年院校调整，他从浙江大学调到南京大学。为了适应国家"迎接大规模经济建设"的需要，程开甲主动把自己的研究重心由理论转向理论与应用相结合。

1960年盛夏的一天，南京大学校长郭影秋突然把程开甲叫到办公室："开甲同志，北京有一项重要工作要借调你，你回家做些准备，明天就去报到。"说完，校长拿出一张写有地址的纸条交给他。

看到满脸严肃的郭校长，程开甲什么也没问，很快就动身到北京，找到那个充满神秘的地方——北京第九研究所。他这才知道，原来是要搞原子弹。

就这样，程开甲加入了中国核武器研制队伍。

中国原子弹研制初期所遇到的困难，现在是无法想象的。根据任务分工，程开甲分管状态方程理论研究和爆轰物理研究。那段时间，程开甲的脑袋里装的几乎全是数据。一次排队买饭，他把饭票递给师傅，说："我给你这个数据，你验算一下。"站在后面的邓稼先提醒说："程教授，这儿是饭堂。"吃饭时，他突然想到一个问题，就把筷子倒过来，蘸着碗里的菜汤，在桌子上写着，思考着。

后来，程开甲第一个采取合理的TFD模型估算出原子弹爆炸时弹心的压力和温度，为原子弹的总体力学计算提供了依据。

1962年上半年，经过科学家和技术人员孜孜不倦的探索攻关，我国原子弹的研制闯过无数难关，终于露出了希望的曙光，第一颗原子弹爆炸试验提上了日程。

为了加快进程，钱三强等"二机部"领导决定，兵分两路：原班人马继续原子弹研制；另外组织队伍，进行核试验准备。钱三强提议，由程开甲负责核试验的有关技术问题。这意味着，组织对他的工作又一次进行了调整。程开甲很清楚自己的优势是理论研究，放弃自己熟悉的领域，前方的路会更艰难。但面对祖国的需要，他毫不犹豫地转入全新的领域：核试验技术。

经过一段时间的探索，程开甲开始组建核武器试验研究所，承担起中国核武器试验技术总负责人的职责。

从1963年第一次进入号称"死亡之海"的罗布泊到回京工作，程开甲在戈壁滩工作、生活了20多年。20多年中，他成功组织指挥了从首次核爆到之后的地面、空中、地下等多方式、多类型的核试验30多次。20多年中，他带领科技人员建立发展了我国的核爆炸理论，系统阐述了大气层核爆炸和地下核爆炸过程的物理现象及其产生、发展的规律，并在历次核试验中不断验证完善，为我国核试验总体设计、安全论证、测试诊断和效应研究提供了重要依据。

"说起罗布泊核试验场，人们都会联想到千古荒漠、死亡之海；提起当年艰苦创业的岁月，许多同志都会回忆起'搓板路'、住帐篷、喝苦水、战风沙。但对我们科技人员来说，真正折磨人、考验人的却是工作上的难点和技术的难关。"多年后，程开甲院士在一篇文章中这样写道："我想，我们艰苦奋斗的传统不仅仅是生活上、工作中的喝苦水、战风沙、吃苦耐劳，更重要的是刻苦学习、顽强攻关、勇攀高峰的拼搏精神，是新观点、新思想的提出和实现，是不断开拓创新的进取精神。"

荣　誉

科学家们为国家的辉煌做出了巨大贡献，党和国家没有忘记他们。

1999年，程开甲被党中央、国务院、中央军委授予"两弹一星功勋奖章"。2013年，他获得党中央、国务院颁发的国家最高科学技术奖。2017年，中央军委隆重举行颁授"八一勋章"和授予荣誉称号仪式，程开甲被授予

"八一勋章"。

这是党和国家的崇高褒奖，这是给予一名国防科技工作者的最高荣誉。

"写在立功受奖光荣榜上的名字，只是少数人，而我们核试验事业的光荣属于所有参加者。因为我们的每一次成功都是千百万人共同创造的结果，我们的每一个成果都是集体智慧的结晶。"程开甲院士列举着战友们所做的工作，如数家珍。

一件件往事、一项项成果、一个个攻关者的名字，在他的记忆中是那样清晰——从杜布纳联合核子研究所主动请缨回国的吕敏；承担核爆炸自动控制仪器研制任务的研究室主任忻贤杰；从放化分析队伍中走出来的钱绍钧、杨裕生、陈达等院士；调离核试验基地年逾花甲又返回试验场执行任务的孙瑞蕃……当然，还有长期战斗在大漠深处的阳平里气象站的官兵，在核试验场上徒步巡逻几千里的警卫战士，在罗布泊忘我奋斗的工程兵、汽车兵、防化兵、通信兵——如果没有他们每一个人的艰苦奋斗、无私奉献，如果没有全国人民的大力协同和支援，就没有我国核工业今天的成就和辉煌。

走进程开甲的家，你无论如何也不会把这里的主人与现代物理学大师玻恩的弟子、海森堡的论战对手、中国核试验基地的副司令员，以及中国"两弹一星"元勋联系起来。

这里的陈设简单朴素得令人难以置信。离开戈壁滩后的程开甲，一直保持着那个年代的生活方式，过着与书为伴、简单俭朴的生活。

程开甲一辈子都不承认自己是一个"官员"："我满脑子自始至终只容得下科研工作和试验任务，其他方面我很难搞明白。有人对我说'你当过官'，我说'我从没认为我当过什么官，我从来就认为我只是一个做研究的人'。"

程开甲一生除了学术任职，还担任过不少职务，但他头脑里从没有"权力"二字，只有"权威"——"能者为师"的那种权威。

程开甲一辈子最怀念的战友是张蕴钰将军。程开甲称他为"我的老战友，我真正的好朋友"，"是我们每个人心中的核司令，更是我心中最伟大的核司令"。

作为核试验基地的司令员，张蕴钰全面负责核武器试验；作为核武器试验基地和基地研究所的技术负责人，程开甲全面负责核试验的技术工作。他们在戈壁共同奋斗了十几个春秋，共同完成我国第一颗原子弹以及多种方式的核试验任务。

1996 年，程开甲心中的这位"伟大的核司令"写了一首诗，赠给程开甲：

核弹试验赖程君，电子层中做乾坤。

轻者上天为青天，重者下沉为黄地。

中华精神孕盘古，开天辟地代有人。

技术突破逢艰事，忘餐废寝苦创新。

戈壁寒暑成大器，众人尊敬我称师。

可以没有诺奖，不能没有国家——王淦昌

梧 回

诺贝尔奖是许多人可望而不可即的至高荣誉，可在中国有这么一个人，三次都站在了诺贝尔奖的门口却又转身离去。这个连饭都吃不起的放羊娃，却成为我国"两弹一星"工程的重要一环。他就是我国"核弹之父"王淦昌。也许你念不出他的名字，但你一定会惊叹于这位伟大院士的传奇人生。

放羊娃的"逆袭"

1907 年，王淦昌出生于江苏常熟。这位大科学家的童年并没有一帆风顺，相反，他幼年丧父，少年丧母，只能和外婆相依为命。父母并没给王淦昌留下些许产业，因此王淦昌只能以放羊为生。好在，外婆一直鼓励王淦昌努力学习。但家里依旧穷困，王淦昌为了补贴家用，决定中学毕业后就去学汽修。王淦昌的表哥听说了他的想法，坚持"学习才能够改变命运"。于是，王淦昌跟着表哥踏上了前往上海的求学之路。晚年的王淦昌回忆往事，十分感激表哥的坚持，如果不是表哥和外婆的帮扶，他可能一辈子也接触不到核弹，也实现不了人生理想。

王淦昌废寝忘食地学习，终于不负众望，在 18 岁时顺利考入清华大学，

成为清华的第一批本科生。但当时的中国内忧外患，处于水深火热之中。许多爱国人士前赴后继，牺牲在混战的刀口下。正值青年的王淦昌看着国破家亡的景象，听着同胞因为痛苦传来的哀号，心里悲愤交加。从那时起，他就生出一个信念：我一定要让中国强大起来。就这样，王淦昌发了狠地学习，最终以优异的成绩从清华大学毕业，也拿到了公费赴德留学的资格。

从放羊娃到清华第一批本科生，这是令人赞叹的逆风翻盘，王淦昌每一步都走得很稳。他有着远超常人的强大信念，最终得以破除个人条件桎梏，在更广阔的天地中探求人生的方向。同样，他从未忘记受列强侵略的祖国，他将自己的人生理想和祖国的未来紧紧相连。

三近诺奖而不得

王淦昌在德国柏林大学留学时，跟随迈特纳女士继续钻研，这位老师也不是无名之辈，她被爱因斯坦称为"才华比肩居里夫人的女科学家"。青出于蓝而胜于蓝，二十出头的王淦昌就摸到了诺贝尔奖的门槛。

某天，王淦昌听完一场学术报告会后，对其中的物理现象和结论存在质疑，他冥思苦想，构思了一种新的实验方法。王淦昌迫不及待地向老师提出自己的想法，可惜迈特纳两次拒绝了王淦昌的实验申请，王淦昌的奇思妙想只好搁置。两年后，英国物理学家采用了与王淦昌类似的实验方法，发现了中子，从而获得诺贝尔物理学奖。可以说，如果王淦昌能顺利进行实验，那么他就能摘得诺贝尔奖的桂冠。因为西方人的偏见，王淦昌错失了第一次获奖的机会。

27岁博士毕业的王淦昌，放弃了德国的优渥生活，只身返回祖国。许多人都说他傻，可他却认为："科学无国界，科学家有国界。我是科学家，但首先我是中国人。"回国后王淦昌任职于浙江大学。当时国内局势复杂，王淦昌不忍战士们缺衣少食，便拿出自己的所有积蓄捐给军队。一时间，家里穷得揭不开锅，王淦昌的女儿还嗷嗷待哺。没办法，王淦昌只好又成了"放羊娃"，下了课后去山坡放羊，用羊奶给女儿充饥。王淦昌并没有因为贫苦的生活而放弃专业领域的探索，在 35 岁那年，他再次发现了探测中微子的方法。王淦昌激动得睡不着觉，只要完成实验，诺贝尔奖就是囊中之物，但当时的国家无法提供实验所需的设备和原料。王淦昌理解国家的难处，第二次放弃了唾手可得的诺贝尔奖。

中华人民共和国成立后，王淦昌的科研顺利走上正轨，52 岁的他任职于苏联杜布纳联合原子核研究所，带领团队再次发现了反西格玛负超子。消息一经发出，震撼了整个学术界。毫无疑问，王淦昌将会因为这一重大发现成为诺贝尔奖的获得者。在大家议论纷纷之时，这场实验的主人公王淦昌却"人间蒸发"，第三次诺奖也不了了之。

可以说，王淦昌是名副其实的中国科学"第一牛人"。即使有导师的偏见、动荡的局势、短缺的资源，他依旧能靠自己的天赋和努力杀出一条血路，三次站在诺贝尔奖的面前。可正因为他的一句"我是个中国人"，王淦昌心甘情愿放弃唾手可得的荣誉，一心投效祖国。

"我愿以身许国"

从王淦昌决心为国家的未来而读书时，他的命运已然和整个中国紧密相连。20 世纪 60 年代初，中苏关系恶化，大批苏联专家撤离中国，给中国的核武器事业当头一击。但研发核武器迫在眉睫，此时的王淦昌接到了来自国家的调令——"停止手中的工作，马上回国受领新的任务"。

回国后的王淦昌得知自己被选入一项秘密任务，如果接受，就得放弃所有的名誉和地位，断绝和外界的一切联系，隐姓埋名地过完一生。一边是举世瞩目的科学家身份，一边是祖国的迫切需求，王淦昌只沉思了片刻，便坚定地跟上级说："我愿以身许国。"

就这样，赫赫有名的物理学家王淦昌悄然隐匿，连朋友甚至家人也不知道他的踪迹，但在荒凉的西北戈壁，多出了一个叫"王京"的人。在海拔3200米的高原上，连水都烧不开，王淦昌经常就着没烧开的水和半熟的馒头，夜以继日地投入工作。制造原子弹的过程中，没有人叫苦叫累，处于技术攻坚前沿的王淦昌也不例外，年近花甲的他从不抱怨，所有事情亲力亲为。终于，在万众一心的合力下，1964年，中国第一颗原子弹在西北诞生。这样的成果远远不够，王淦昌的目标是威力更大的氢弹。两年零八个月后，中国第一颗氢弹成功爆炸，预示着东方雄狮再也不用惧怕西方的核武器威胁。看着戈壁滩上升起的蘑菇云，邓稼先看着王淦昌，哽咽着说道："叫了十几年的王京同志，叫一次王淦昌吧。"两位功臣相对垂泪，晶莹的泪水为不负祖国的期望而流，为自己十几年的隐姓埋名而流。

1978年，71岁的王淦昌才回到北京，他满头花白，身形佝偻。可以说，王淦昌将最美好的年华都奉献给了祖国，他用自己的行动证明了当年那句"我愿以身许国"的决心。

从家境贫寒的放羊娃到举国瞩目的"两弹一星"元勋，王淦昌以信念为船桨，身怀爱国热情，划出了自己的壮丽人生。而他面对诺奖毅然优先国家利益的决心，也大声告诉世人："我可以没有诺奖，但不能没有国家！"因此，我们在赞叹王淦昌极高的成就时，更应该致敬他蓬勃汹涌的爱国之心。

"乞丐院士"徒步千里送镭——赵忠尧

训 岱

有这样一位科学家，他曾经蓬头垢面，身披破布，怀抱一个泡菜坛子，试图闯入清华大学临时校区，结果被门卫拦下。看到前来调解的清华校长梅贻琦，他突然情不自禁地放声大哭，然后小心翼翼地将那看似不起眼的泡菜坛子交到梅校长手中。

尽管他的名字可能不像其他科学家那样家喻户晓，但他的学生名单却星光熠熠，其中包括钱学森、邓稼先、钱三强、杨振宁等众多杰出科学家。前诺贝尔物理学奖委员会主任爱克斯朋这样评价他："世界欠他一个诺贝尔奖，他在世界物理学家心中是名副其实的诺贝尔奖得主！"他，就是被誉为"中国原子能之父"的赵忠尧——一位默默耕耘、无私奉献的科学家和教育家。

赵忠尧出生于浙江省诸暨县（今浙江省诸暨市）的一个普通家庭。他在物理科学方面天赋异禀，能力超群，受到了当时国内著名物理学家叶企孙的赏识，并在叶教授的推荐下前往清华大学担任物理系助教。那时，他才23岁。

在清华大学授课期间，赵忠尧的眼界不断提高。他清楚地看见西方国家的科学技术不断发展进步，而中国却因为科技落后和国力薄弱而不断受到压迫。于是他决心要尽自己所能，去改变祖国物理科学落后的局面。

他说："这是我唯一会的，我要用它来改变这一切，我要用它奉献给我最为热爱的事业。"

于是，他怀揣着远大的理想和抱负前往美国留学。彼时谁都没有想到，他这一去，差点敲开了诺贝尔奖的大门。

1930年，赵忠尧通过大量实验论证和数据分析，发表了题为《硬 γ 射线的散射》的论文，为后来正电子的发现提供了重要证据。但由于各种原因，这篇论文并没有受到当时物理学界的重视，他的研究成果也遭到埋没。而赵忠尧的同学安德森却在他的论文启发下成功论证了正电子的存在，得到了本应属于赵忠尧的诺贝尔奖。

然而，赵忠尧完全不在乎这个与他失之交臂的诺贝尔奖，因为他有更急切的事情要做——回国。

在赵忠尧留学期间，"九一八事变"突然爆发。他知道，此时国内物理科学的基础十分薄弱，祖国正需要他。于是他毅然放弃高薪，决定回国。

回到阔别多年的家乡，赵忠尧一下船就急匆匆地将一样十分重要的东西带到清华大学物理系。

那是赵忠尧的导师卢瑟福赠送给他的50毫克镭。他清楚地知道，它虽然只有50毫克，却迸发着巨大的能量。

彼时中国核物理学领域一片空白，要想发展核物理，就需要进行大量放射性实验。而小小的镭就是实验中最为重要的元素。因此，这50毫克镭就成了中国未来原子能领域的火种。

赵忠尧将珍贵的镭无条件捐献给清华大学，让学生免费做放射性实验。这期间他担任清华大学物理系教授，将自己所学倾囊相授，并在那里开设了中国第一个核物理课程。随后，他又主持建立了中国第一个核物理实验室。在极其简陋的条件下，他仍然坚持带着学生进行核物理研究，属于中国的核物理事业在他的浇灌下开始萌芽生长。

一切工作似乎都在有条不紊地进行着。但天不遂人愿，就在赵忠尧正准备全力投身于国家核事业时，一场巨大的变故悄然到来。

蓄谋已久的日本政府发动"七七事变"，北平告危，清华大学被迫南迁至长沙。就在所有人都争先恐后地往外逃时，一个瘦弱的身影推开人群，朝着与人群相反的沦陷区跑。而这个逆行的人正是赵忠尧。

他完全不顾身后的亲朋好友和同事的劝阻，冒着被日军俘虏的风险跑回去，他只为了一样东西——那50毫克镭！他不想停下中国刚刚迈起的核物理事业的脚步，他不想看到珍贵的镭就这样白白落到侵华日军手中。对他而言，这50毫克镭甚至比他的生命还要重要。

当他从实验室取回镭时，北平已经完全沦陷，日军戒严，整座城市充满混乱与动荡。为了确保镭的安全，赵忠尧做出了一个疯狂的决定——自己带着它徒步从北平前往长沙。他深知，这一路将充满危险和不确定性，但他没有丝毫退缩。为了掩人耳目，他把装有50毫克镭的铝管藏进一个旧泡菜坛子里边。他脱下外套，撕烂自己整洁的衣物，随手找来一张残破不堪的布就披在身上，抓起一把泥就着砂石和唾沫就往头上和脸上糊。就这样，他抱着装有镭的泡菜坛子混在逃难的人群当中，一步一步地踏上了漫长的旅程。

为了最大限度保障安全，他选择在夜晚行进，白天则躲藏起来，以避开敌人的搜查。他穿行在战火纷飞的乡村和城镇之间，跋山涉水，历经千辛万苦。在那些日子里，他风餐露宿，忍受着饥饿和疲惫。长期的风吹日晒让他本就瘦弱的身躯变得更加干枯，更可怕的是，高放射性的镭不停地灼烧着他的胸口，将他的胸口烫出了红斑，而他的双臂因为长时间保持抱紧的姿态，也硬生生被坛子勒出两块疤痕。路上有人打趣地问他坛子里装了什么宝贝，让他这么死抱着，他就回答是自己父亲的骨灰。只有他自己知道，他怀里抱着的，是他的信念和希望。

经过一个多月的艰难跋涉，他终于到达了目的地。此时的赵忠尧瘦弱不堪、衣不蔽体、蓬头垢面，清华大学的门卫已经完全不认识他了。于是他就抱着坛子蹲在门口，要求见校长一面。校长梅贻琦得知消息后赶往现场，定睛一看，这才认出了眼前这个乞丐不是别人，正是核物理系的教授赵忠尧。在与好友相认后，赵忠尧这才情不自禁放声大哭，并将这珍贵的50毫克镭再次交到校长手中。所有人都震惊了。他们无法想象，这位看似普通的"乞丐"竟然是一位伟大的科学家，更无法想象他这一路所经历的艰难险阻。

抗日战争胜利后，赵忠尧认识到了原子弹的重要性，于是他立刻参与筹建中国科学技术大学近代物理系以及高能物理研究所。在他的指导下，中国成功研制出了70万伏和250万伏质子静电加速器，正是有了这两台加速器的帮助，科研人员才能得到粒子对撞数据。由赵忠尧所创立的这个实验室，成为孕育了中国"两弹一星"伟大工程的摇篮，为中国的核物理研究和核武器研制做出了不可磨灭的贡献。

赵忠尧晚年忆往昔时说过："回想起自己的一生，经历过许多坎坷，唯一希望的是祖国繁荣昌盛、科学发达。"

他在乎的从来不是名气，而是脚下这片他所眷恋的土地。赵忠尧的一生，是科学探索的一生，是教育奉献的一生。他的故事，不仅是坚韧不拔的科学探索传奇，更是一座怀揣着远大理想的爱国主义丰碑。这座丰碑指引着一代又一代的青年学子，给予他们不断战胜困难、超越自我的勇气和毅力。

东方的居里夫人——王承书

叶小新

在电影《我和我的祖国》中，有一场"沉默"的相遇：一个研究员与阔别多年的女友在一辆公交车上偶遇，研究员因工作内容高度保密而拒绝与女友相认。他的沉默背后，是无数人为了心中的强国梦而许下的承诺。1964年，随着一声巨响，茫茫的戈壁滩上升起无比壮观的蘑菇云——中国第一颗原子弹爆炸成功。这枚原子弹凝聚了科技战线上许多无名英雄的默默付出，其中就包括一位女英雄——王承书，毛主席称赞她是"中国第一颗原子弹爆炸的女功臣"。

现实中，她的故事比电影情节还要精彩。

1912年6月26日，王承书出生在上海的一个书香门第，她从小就表现出极高的数学天赋，"二小姐，算账"是家人的口头语。18岁时，王承书被保送到燕京大学物理系，是系里唯一的女生，并以第一名成绩毕业，让全班男生望尘莫及，打破了世人对女孩学不好理科的偏见。1936年，王承书获得了硕士学位，27岁时与同样从事物理研究的张文裕喜结连理，在当时传为一段佳话。

婚后的幸福生活并没有消磨王承书对知识的探索与追求，她仍然积极地寻找着人生的价值与意义。1941年，王承书争取到了美国密歇根大学巴尔博奖学金，当时的密歇根大学从未接收过已婚妇女，由于王承书的优秀，密歇根大学的教授破例将她录取。王承书成为密歇根大学录取的首位已婚女性。没过多久，张文裕也赴美深造。

留学期间，王承书师从国际物理学权威乌伦贝克，曾两度进入普林斯顿高级研究所工作，并在 1951 年提出了一个日后被称作"王承书—乌伦贝克方程"的观点。这一开创性成果一经发表便轰动国际物理学界，至今仍被沿用。西方科学界深信，王承书若继续在美国研究下去，日后极有可能获得诺贝尔奖！体面的工作、优厚的待遇、幸福的家庭……对于大多数女性而言，都应该感到满足了。

然而，王承书却始终心系祖国，渴望学成之后报效祖国。她在《中国科学院院士自述》中说："我的学生时代，正值中国外受帝国主义的压迫，内受军阀与反动政府的统治时期，由于对当时状况的不满，养成了很浓厚的民族主义思想和正义感。"

1949 年中华人民共和国成立的消息传来，王承书本打算和丈夫立即回国，但是由于有孕在身，只得推迟归国时间。不久后朝鲜战争爆发，中美关系恶化，中国学者不仅归国受阻，还面临着受到迫害的危险，其中就包括早已在物理界取得显著成就的王承书夫妇。还有人劝她留下，可是王承书坚定地说："虽然中国穷，进行科研的条件差，但我不能等别人把条件创造好，我要亲自参加到创造条件的行列中。"

在长达 7 年的等待与期待中，王承书一家历经千辛万苦，终于在 1956 年冲破了太平洋上的风浪，踏上了祖国的土地。为了避免归途中美国当局刁难，王承书把宝贵的书刊等资料陆续分成三百多个包裹分批寄往北京。由此，拉开了她一生三次"我愿意"许党报国的序幕……

按照祖国需要，改变学术研究方向，我愿意！

1958 年，我国筹备建设热核聚变研究室，聚变能被誉为人类最理想的洁净能源，但当时这一技术在国内一片空白。组织希望能调王承书去挂帅，其实王承书也从未接触过该领域。

在钱三强的邀请下，已经 46 岁且专业定型的王承书却毫不犹豫地说出了"我愿意"。她明确表示："这项工作谁都没干过，谁干都不容易。别人的工作都已经上了轨道，而且还带着年轻的同志，只有我刚回国工作，还是我去干，对工作的影响最小。"经过两年的钻研，王承书成为中国热核聚变领域的领军人物，填补了我国在这一领域理论方面的空白。

为了祖国需要，到铀浓缩工厂去工作，我愿意！

随着国家原子弹的研制进入攻坚期，核心燃料高浓铀研究却进展缓慢。如果将原子弹赋予生命，那么高浓铀就是其体内流动的血液。1961 年 3 月，钱三强又一次找到王承书，希望她负责高浓铀研制，王承书再次说出"我愿意"。钱三强又强调，这件事情连丈夫都不能告诉，而且可能要和家人分开很久，也许还要隐姓埋名一辈子。王承书默默地说："没关系。"这一年，王承书49 岁，她放弃之前在物理学界取得的所有成就，悄悄地来到大西北的中国第一座铀浓缩生产工厂。

在数百个披星戴月的夜晚，王承书来回穿梭在充满辐射的实验室，反复运算的数据装满了三只抽屉，她带领团队交付产品的时间比原计划整整提前了 113 天。1964 年 10 月，中国第一颗原子弹爆炸成功。王承书后来曾对人说："年近半百，转行搞一项自己完全不懂的东西，不是件容易的事。但再一想，当时谁干都不容易，何况我在回国之前就已暗下决心，一定要服从祖国的需要，不惜从零开始。"

祖国需要我，继续从事核工业科学研究，我愿意！

当全国还沉浸在原子弹试爆成功的喜悦之中时，钱三强向她发出第三次邀请，希望她继续隐姓埋名从事核事业研究。王承书此前为中国的第一颗原子弹提供核材料所使用的铀浓缩设备，是苏联制造的，而现在国家决定要研制自己的铀浓缩设备。王承书再次坚定地回答："我愿意！"她被任命为总设计师，在她的领导下，团队充分应用前8年的理论研究成果，夜以继日地攻坚克难，最终完成了任务。

王承书的爱国精神不仅体现在为国尽责上，还体现在为国担当上。有一次，大型扩散机的关键部件"动密封"经过单台机试验，性能良好，在向有关领导汇报时，一些人觉得可以定型了；科技人员虽有不同意见，但不敢发言。这时，王承书本着实事求是、对国家负责的态度，指出机器部件性能在试验室过关和工业应用之间还有很大的差距，还有很多工作要做。她请求上级再给半年时间，在短级联上做扩大试验后再做定论。王承书的意见得到主管部门的赞许。后来的试验证明，"动密封"确实不具备工业生产条件，避免了因决策失误而给国家造成的损失。

1986年，王承书为了纪念他们一家回国30周年，举行了一次小型的家庭宴会，她讲了一段话："现在有人弃祖国而去，有人出国学习不愿回来，而我却要纪念我回国的日子。有人说中国穷，搞科学没条件，其实我们回来时何尝不知道，那时的条件更差。30年了，至今我可以聊以自慰的是，我的选择没错，我的事业在祖国。"王承书，用纤瘦的身体扛起了最"硬核"的事业，用三个"我愿意"践行着一生许党报国的承诺。

1994年6月18日，王承书与世长辞。她留下遗嘱，将个人书籍和科技资料全部送给核理化院；点滴积攒的约10万元存款再次全部捐给"希望工程"；另有零存整取的7222.88元作为最后一次党费，交给组织。尽管如此，王承书在给学生的信里曾写道："我一生平淡无奇，只是踏踏实实地工作，至于贡献，谁又没有贡献？而且为国家做贡献是每一个公民的职责，何况是一个共产党员。"

深潜30年，为国铸重器——黄旭华

许陈静　郑心仪　姜琨

一

"我们那批人都没有联系了，退休的退休，离散的离散，只剩下我一个人成了'活字典'。""我们"，是近60年前和黄旭华一起被选中的中国第一代核潜艇人，29个人，当时平均年龄不到30岁。一个甲子的风云变幻、人生沧桑，由始至今还在研究所"服役"的就剩黄旭华一人。

这句话听来伤感。然而值得庆幸的是，"活字典"黄旭华和1988年共同进行核潜艇深潜试验的100多人还有联系。那是中国核潜艇发展历程上的"史诗级时刻"——1988年，中国核潜艇在南海进行了极限深度的深潜试验。有了这第一次深潜，中国核潜艇才算走完研制的全过程。

这个试验有多危险呢？"艇上一块扑克牌大小的钢板，潜入水下数百米后，可以承受1吨的重压。对于100多米长的艇体，任何一块钢板不合格，一条焊缝有问题，一个阀门封闭不严，都可能导致艇毁人亡。"黄旭华当时已是总设计师，知道许多人对深潜试验提心吊胆："美国王牌核潜艇'长尾鲨号'比我们的好得多，设计的深度是水下300米。结果1963年进行深潜试验，下潜不到190米就沉了，原因也找不出来，艇上129个人全找不到了。而我们

036

的核潜艇没一个零件是进口的，全部是自己做出来的，一旦下潜到极限深度，会不会像美国核潜艇一样回不来？大家的思想负担很重。"

深潜试验当天，南海浪高1米多。艇慢慢下潜，先是10米一停，再是5米一停，接近极限深度时1米一停。钢板承受着巨大的水压，发出"咔嗒、咔嗒"的响声。在极度紧张的气氛中，黄旭华依然全神贯注地测量和记录各种数据。核潜艇到达极限深度，然后上升，等上升到安全深度，艇上顿时沸腾了。人们握手、拥抱、哭泣。有人奔向黄旭华："总师，写句诗吧！"黄旭华心想，我又不是诗人，怎么会写？然而激动难抑。"我就写了四句打油诗：'花甲痴翁，志探龙宫。惊涛骇浪，乐在其中。'一个'痴'字，一个'乐'字，我痴迷核潜艇工作一生，乐在其中，这两个字就是我一生的写照。"

二

对大国而言，核潜艇是至关重要的国防利器之一。有一个说法是：一个高尔夫球大小的铀块燃料，就可以让潜艇巡航6万海里；假设换成柴油作燃料，则需要近百节火车皮的体量。

黄旭华用了个有趣的比喻："常规潜艇是憋了一口气，一个猛子扎下去，用电瓶全速巡航1小时就要浮上来喘口气，就像鲸鱼定时上浮。核潜艇才可以真正潜下去几个月，在水下环行全球。如果再配上洲际导弹，配上核弹头，不仅有核打击力量，而且有核报复力量。有了它，敌人就不大敢向你发动核战争，除非敌人愿意和你同归于尽。因此，《潜艇发展史》的作者霍顿认为，导弹核潜艇是世界和平的保卫者。"

正因如此，1958年，在启动"两弹一星"工程的同时，主管国防科技工作的聂荣臻向中央建议，启动研制核潜艇。中国曾寄希望于苏联的技术援助，然而1959年苏联领导人赫鲁晓夫访华时傲慢地拒绝了："核潜艇技术很复杂，要求高、花钱多，你们没有水平也没有能力来研制。"毛泽东闻言，愤怒地站了起来。赫鲁晓夫后来回忆："他挥舞着巨大的手掌说，你们不援助算了，我们自己干！"此后，毛泽东在与周恩来、聂荣臻等人谈话时发誓道："核潜艇一万年也要搞出来！"

就是这句话，坚定了黄旭华的人生走向。中央组建了一个 29 人的造船技术研究室，大部分是海军方面的代表，黄旭华则作为技术骨干入选。苏联专家撤走了，全国没人懂核潜艇是什么，黄旭华也只接触过苏联的常规潜艇。"没办法，只能骑驴找马。我们想了个笨办法，从国外的报刊上搜罗有关核潜艇的信息。我们仔细甄别这些信息的真伪，拼凑出一个核潜艇的轮廓。"

黄旭华至今保留着一把"前进"牌算盘。当年还没有计算机，他们就分成两三组，分别拿着算盘计算核潜艇的各项数据。若有一组的结果不一样，就从头再算，直到各组数据完全一致。

还有一个"土工具"，就是磅秤。黄旭华在船台上放了一个磅秤，每件设备进艇时，都得过秤，记录在册。施工完成后，拿出来的管道、电缆的边角余料，也要过磅登记。黄旭华称之为"斤斤计较"。就靠着磅秤，数千吨的核潜艇下水后的试潜、定重测试值和设计值完全吻合。

1970 年，我国第一艘核潜艇下水。1974 年 8 月 1 日建军节，核潜艇交付海军使用。作为祖国挑选出来的 1/29，黄旭华从 34 岁走到了知天命之年，把最好的年华铭刻在大海利器上。

三

准确地说，黄旭华是把最好的年华隐姓埋名地刻在核潜艇上。

"别的科技人员，是有一点成果就抢时间发表；你去搞秘密课题，是越有成就越得把自己埋得更深，你能承受吗？"老同学曾这样问过他。

"你不能泄露自己的单位、自己的任务，一辈子都在这个领域，一辈子都当无名英雄，你若评了劳模都不能发照片，你若犯了错误只能留在这里扫厕所。你能做到吗？"这是刚参加研制核潜艇工作时，领导对他说的话。93岁的黄旭华回忆起这些，总是笑："有什么不能的？比起我们经历过的，隐姓埋名算什么？"

黄旭华出身于广东海丰行医之家，上初中时，日寇入侵，附近的学校关闭了。14岁的他在大年初四辞别父母兄妹，走了整整4天崎岖的山路，找到聿怀中学。但日本飞机的轰炸越来越密集，这所躲在甘蔗林旁边、用竹竿和草席搭起来的学校也坚持不下去了。他不得不继续寻找学校，慢慢地越走越远，梅县、韶关、坪石、桂林……1941年，黄旭华辗转来到桂林中学。

1944年，豫湘桂会战打响，中国守军节节败退，战火烧到桂林。黄旭华问了老师三个问题："为什么日本人那么疯狂，想登陆就登陆，想轰炸就轰炸，想屠杀就屠杀？为什么我们中国人不能好好生活，而要到处流浪、妻离子散、家破人亡？为什么中国这么大，我却连一个安静读书的地方都找不到？"老师沉重地告诉他："因为我们中国太弱了，弱国就要受人欺凌。"黄旭华下了决心：我不能做医生了，我要学科学，科学才能救国。我要学航空、学造船，不让日本人再轰炸、再登陆。

1945年抗日战争胜利后，他收到中央大学航空系和交通大学造船系的录取通知书。他想：我是海边长大的，对海有感情，那就学造船吧！

交通大学造船系是中国第一个造船系。在这里，黄旭华遇到了辛一心、王公衡等一大批从英美学成归国的船舶学家。名师荟萃，成就了黄旭华这颗日后的火种。

时至今日，年轻人在面对黄旭华时，很容易以为，像他这样天赋过人、聪明勤奋的佼佼者，是国家和时代选择了他。然而走近他才会懂得，是他选择了这样的人生。1945年"弃医从船"的选择，与1958年隐姓埋名的选择、1988年亲自深潜的选择，是一条连续的因果链。

他一生都选择与时代同行。

四

人生是一场"舍得"，有选择就有割舍。被尊称为"中国核潜艇之父"的黄旭华，他割舍的远远超出人们的想象。

从1938年离家求学，到1957年去广东出差时回家，对这19年的离别，母亲没有怨言，只是叮嘱他："你小时候四处都在打仗，回不了家。现在社会安定了，交通方便了，母亲老了，希望你常回来看看。"

黄旭华满口答应，怎料这一别竟是30年。"我既然从事了这样一份工作，就只能淡化跟家人的联系。他们总会问我在做什么，我怎么回答呢？"于是，对母亲来说，他成了一个遥远的信箱号码。

直到1987年，身在广东海丰的老母亲收到了一本三儿子寄回来的《文汇月刊》。她仔细翻看，发现其中一篇报告文学《赫赫而无名的人生》，介绍了中国核潜艇黄总设计师的工作，虽然没说名字，但提到了他的妻子李世英。这不是三儿媳的名字吗？哎呀，黄总设计师就是30年不回家的三儿子呀！老母亲赶紧召集一家老小，郑重地告诉他们："三哥的事，大家要理解、要谅解！"这句话传到黄旭华耳中，他哭了。

第二年，黄旭华去南海参加深潜试验，抽时间匆匆回了趟家，终于见到阔别30年的母亲。父亲早已去世，他只能在父亲的坟前默默地说："爸爸，我来看您了。我相信您也会像妈妈一样谅解我。"

提及这30年的分离，黄旭华的眼眶红了。我们轻声问："忠孝不能两全，您后悔吗？"他轻声但笃定地回答："对国家尽忠，是我对父母最大的孝。"

　　幸运的是，他和妻子李世英同在一个单位。他虽然什么也不能说，但妻子都明白。没有误解，但有心酸：从上海举家迁往北京，是妻子带着孩子千里迢迢搬过去的；从北京迁居气候条件恶劣的海岛，过冬的几百斤煤球是妻子和女儿一点点扛上楼的；地震了，还是妻子一手抱一个孩子拼命跑。她管好了这个家，却不得不放弃原本同样出色的工作，事业归于平淡。妻子和女儿有时会跟他开玩笑："你呀，真是个'客家人'，回家做客的人！"

　　聚少离多中，也有甘甜的默契。"很早时，她在上海，我在北京。她来看我，见我没时间去理发店，头发都长到肩膀了，就借来推子，给我理发。直到现在，仍是她给我理。这两年，她说自己年纪大了，叫我行行好，去理发店。我呀，没答应，习惯了。"黄旭华笑着说。结果是，李世英一边嗔怪着他，一边细心地帮他理好每一缕白发。

　　"试问大海碧波，何谓以身许国。青丝化作白发，依旧铁马冰河。磊落平生无限爱，尽付无言高歌。"这是 2014 年，词作家闫肃为黄旭华写的词。黄旭华从不讳言爱："我很爱我的妻子、母亲和女儿，我很爱她们。"他顿了顿，"但我更爱核潜艇，更爱国家。我此生没有虚度，无怨无悔。"

　　"对您来说，祖国是什么？"

　　"列宁说过的，要他一次把血流光，他就一次把血流光；要他把血一滴一滴慢慢流，他愿意一滴一滴慢慢流。一次流光，很伟大的举动，多少英雄豪杰都是这样。更难的是，要你一滴一滴慢慢流，你能承受得了吗？国家需要我一天一天慢慢流，那么我就一天一天慢慢流。"

　　"一天一天，流了 93 年，这血还是热的？"

　　"因为祖国需要，就应该这样热。"

最后的 5% 是关键——顾诵芬

祖一飞

88 岁的顾诵芬至今仍是一名"上班族"。

几乎每个工作日的早晨，他都会按时出现在中国航空工业集团科技委的办公楼里。从住处到办公区，不到 500 米的距离，他要花十几分钟才能走完。

自 1986 年起，顾诵芬就在这栋小楼里办公。他始终保持着几个"戒不掉"的习惯：早上进办公室前，一定要走到楼道尽头把廊灯关掉；用完电脑后，他要拿一张蓝色布罩盖上防尘；各种发言稿从不打印，而是亲手在稿纸上修改誊写；审阅资料和文件时，有想法随时用铅笔在空白处批注……这是长年从事飞机设计工作养成的习惯，也透露出顾诵芬骨子里的认真与严谨。自 1956 年起，他先后参与、主持歼教 -1、初教 -6、歼 -8 和歼 -8 Ⅱ 等机型的设计研发。1991 年，顾诵芬当选中国科学院院士，1994 年当选中国工程院院士，成为我国航空领域唯一的两院院士。

战机一代一代更迭，老一辈航空人的热情却丝毫未减。2016 年 6 月，大型运输机运 -20 交付部队；2017 年 5 月，大型客机 C919 首飞成功；2018 年 10 月，水陆两栖飞机 AG600 完成水上首飞，向正式投产迈出重要一步。这些国产大飞机能够从构想变为现实，同样有顾诵芬的功劳。

相隔5米观察歼-8飞行

顾诵芬办公室的书柜上，有5架摆放整齐的飞机模型。最右边的一架歼-8 Ⅱ型战机，总设计师正是他。作为一款综合性能强、具备全天候作战能力的二代机，至今仍有部分歼-8 Ⅱ在部队服役。而它的前身，是我国自主设计的第一款高空高速战机——歼-8。

20世纪60年代初，我国的主力机型是从苏联仿制引进的歼-7。当时用它来打美军U-2侦察机，受航程、爬升速度等性能所限，打了几次都没有成功。面对领空被侵犯的威胁，中国迫切需要一种"爬得快、留空时间长、看得远"的战机，歼-8的设计构想由此被提上日程。

1964年，歼-8设计方案拟定，顾诵芬和同事投入飞机的设计研发中。1969年7月5日，歼-8顺利完成首飞。但没过多久，问题就来了。在跨音速飞行试验中，歼-8出现强烈的振动现象。用飞行员的话说，就好比一辆破旧的公共汽车开到了不平坦的马路上，"人的身体实在受不了"。为了找到问题所在，顾诵芬想到一个办法——把毛线条粘在机身上，以观察飞机在空中的气流扰动情况。

由于缺少高清的摄像设备，要看清楚毛线条只有一种办法，就是坐在另一架飞机上近距离观察，且两架飞机之间必须保持5米左右的距离。顾诵芬决定亲自上天观察。作为没有经过特殊训练的非飞行人员，他在空中承受着常人难以忍受的过载反应，用望远镜仔细观察后，终于发现问题出在后机身。飞机上天后，这片区域的毛线条全部被气流刮掉。顾诵芬记录下后机身的流线谱，提出采用局部整流包皮修形的方法，并亲自做了修形设计，与技术人员一起改装。飞机再次试飞时，跨声速抖振的问题果然消失了。

直到问题解决后，顾诵芬也没有把上天的事情告诉妻子江泽菲，因为妻子的姐夫、同为飞机设计师的黄志千就是在空难中离世的。那件事后，他们立下一个约定——不再乘坐飞机。并非不信任飞机的安全性，而是无法承受失去亲人的痛苦。回想起这次冒险，顾诵芬仍记得试飞员鹿鸣东说过的一句话："我们这些人，生死的问题早已解决了。"

1979 年年底，歼 -8 正式定型。庆功宴上，喝酒都用的是大碗。从不沾酒的顾诵芬也拿起碗痛饮，这是他在飞机设计生涯中唯一一次喝得酩酊大醉。那一晚，顾诵芬喝吐了，但他笑得很开心。

伴一架航模"起飞"

顾诵芬是一个爱笑的人。如果留心观察，你会发现他在所有照片上都是一张笑脸。在保存下来的黑白照片中，童年时的一张最为有趣：他叉着腿坐在地上，面前摆满了玩具模型，汽车、火车、坦克，应有尽有，镜头前的顾诵芬笑得很开心。

在他 10 岁生日那天，教物理的叔叔送来一架航模作为礼物。顾诵芬高兴坏了，拿着到处跑。但这架航模制作比较简单，撞了几次就没办法正常飞行了。父亲看到儿子很喜欢，就带他去上海的外国航模店买了一架质量更好的，"那架飞机，从柜台上放飞，可以在商店里绕一圈再回来"。玩得多了，新航模也有损坏，顾诵芬便尝试自己修理。没钱买胶水，他找来废电影胶片，用丙酮溶解后充当黏合剂；碰上结构受损，他用火柴棒代替轻木重新加固。"看到自己修好的航模飞起来，心情是特别舒畅的。"

酷爱航模的顾诵芬似乎与家庭环境有些违和。他出生在一个书香世家，父亲顾廷龙毕业于燕京大学国文系，是著名的国学大师，不仅擅长书法，在目录学和现代中国图书馆事业上也有不小的贡献。顾诵芬的母亲潘承圭出身于苏州的望族，是当时为数不多的知识女性。顾诵芬出生后，家人特意从西晋诗人陆机的名句"咏世德之骏烈，诵先人之清芬"中取了"诵芬"二字为他起名。虽说家庭重文，但父亲并未干涉儿子对理工科的喜爱，顾诵芬的动手能力也在玩耍中得到锻炼。《顾廷龙年谱》中记录着这样一个故事：一日大雨过后，路上积水成河，顾诵芬"以乌贼骨制为小艇放玩，邻人皆叹赏"。

"七七事变"爆发时，顾廷龙正在燕京大学任职。1937年7月28日，日军轰炸中国29军营地，年幼的顾诵芬目睹轰炸机从头顶飞过，"连投下的炸弹都看得一清二楚，玻璃窗被冲击波震得粉碎"。从那天起，他立志要保卫祖国的蓝天，将来不再受外国侵略。

考大学时，顾诵芬参加了浙江大学、清华大学和上海交通大学的入学考试，报考的全是航空系，结果3所学校的考试全部通过。因母亲舍不得他远离，顾诵芬最终选择留在上海。

1951年8月，顾诵芬大学毕业。上级组织决定，要把这一年的航空系毕业生全部分配到中央新组建的航空工业系统。接到这条通知时，顾诵芬的父母和上海交通大学航空系主任曹鹤荪都舍不得放他走。但最终，顾诵芬还是踏上了北上的火车。到达北京后，他被分配到位于沈阳的航空工业局。

"告诉设计人员，要他们做无名英雄"

中华人民共和国成立后，苏联专家曾指导中国人制造飞机，但同时，他们的原则也很明确：不教中国人设计飞机。中国虽有飞机工厂，实质上只是苏联原厂的复制厂，无权在设计上进行任何改动，更不要说设计一款新机型。

每次向苏联提订货需求时，顾诵芬都会要求对方提供设计飞机要用到的《设计员指南》《强度规范》等资料。苏联方面从不回应，但顾诵芬坚持索要。那时候他就已经意识到，"仿制而不自行设计，就等于命根子在人家手里，我们没有任何主动权"。

顾诵芬的想法与上层的决策部署不谋而合。1956年8月，航空工业局下发《关于成立飞机、发动机设计室的命令》。这一年国庆节后，26 岁的顾诵芬进入新成立的飞机设计室。在这里，他接到的第一项任务，是设计一架喷气式教练机。顾诵芬被安排在气动组担任组长，还没上手，他就倍感压力。上学时学的是螺旋桨飞机，他对喷气式飞机的设计没有任何概念。除此之外，设计要求平直翼飞机的马赫数达到 0.8，这在当时也是一个难题。设计室没有条件请专家来指导，顾诵芬只能不断自学，慢慢摸索。

本专业的难题还没解决，新的难题又找上门来。做试验需要用到一种鼓风机，当时市面上买不到，组织上便安排顾诵芬设计一台。顾诵芬从没接触过鼓风机，只能硬着头皮上。通过参考国外资料，他硬是完成了这项任务。在一次试验中，设计室需要一排很细的管子用作梳状测压探头，这样的设备国内没有生产，只能自己制作。怎么办呢？顾诵芬与年轻同事想出一个法子——用针头改造。于是连续几天晚上，他都和同事跑到医院去捡废针头，拿回设计室将针头焊在铜管上，再用白铁皮包起来，就这样做成了符合要求的梳状排管。

1958 年 7 月 26 日，歼教 -1 在沈阳飞机厂机场首飞成功。时任军事科学院院长的叶剑英元帅为首飞仪式剪彩。考虑到当时的国际环境，首飞成功的消息没有被公开，只发了一条内部消息。周恩来总理知道后托人带话："告诉这架飞机的设计人员，要他们做无名英雄。"

退而不休，力推国产大飞机研制

在中国的商用飞机市场，波音、空客等飞机制造商占据着极大份额，国产大型飞机却迟迟未发展起来。当时国内各方专家为一个问题争执不下：国产大飞机应该先造军用机还是民用机？看到这种情况，顾诵芬一直在思考。

2001 年，71 岁的顾诵芬亲自上阵，带领课题组走访空军，又赴上海、西安等地调研。在实地考察后，他认为军用运输机有 70% 的技术可以和民航客机通用，建议统筹协调两种机型的研制。各部门论证时，顾诵芬受到一些人的批评："我们讨论的是大型客机，你怎么又提大型运输机呢？"甚至有人不愿意让顾诵芬参加会议，理由是他的观点不合理。顾诵芬没有放弃，一次次讨论甚至争论后，他的观点占了上风。2007年2月，温家宝总理主持召开国务院常务会议，批准了大型飞机项目，决策中吸收了顾诵芬所提建议的核心内容。

2012年年底，顾诵芬参加了运-20的试飞评审，那时他的身体已经出现直肠癌的症状，回去后就确诊并接受了手术。考虑到身体情况，首飞仪式他没能参加。但行业内的人都清楚，飞机能够上天，顾诵芬功不可没。

尽管不再参与新机型的研制，顾诵芬仍关注着航空领域，每天总要上网看看最新的航空动态。有学生请教问题，他随口就能举出国内外相近的案例。提到哪篇新发表的期刊文章，他连页码都能记得八九不离十。一些重要的外文资料，他甚至会翻译好提供给学生阅读。除了给年轻人一些指导，顾诵芬还在编写一套涉及航空装备未来发展方向的丛书。全书共计100多万字，各企业院所有近200人参与。每稿完毕，作为主编的顾诵芬必亲自审阅修改。

已近鲐背之年，顾诵芬仍保持着严谨细致的作风。一次采访中，记者与工作人员交谈的间隙，他特意从二楼走下，递来一本往期的杂志。在一篇报道隐形战机设计师李天的文章中，他用铅笔在空白处批注得密密麻麻。"这些重点你们不能落下……"

（本文作于2018年）

用尽一生打造中国芯——黄令仪

训 岱

在我们日常使用的智能手机、电脑、家用电器中，有一个微小却至关重要的部件——芯片。芯片就好比我们的大脑，没有芯片，我们的手机就无法通信，电脑也无法处理信息。甚至外太空当中的卫星、大海里航行的航母、保卫国家安全的导弹，离开了芯片都再也无法工作和运行。

而我国却有着一段"无芯可用"的历史，是一位82岁的女士，研制出"龙芯"，才使我国的芯片技术一步步成长起来，她就是"龙芯之母"黄令仪。后来她与团队一同研发的龙芯三代，让复兴号、歼-20雷达、北斗卫星都换上中国"芯"。

黄令仪出生于1936年的广西，她见证了祖国母亲的解放，同时也经历过战争的残酷。"落后就要挨打"这句话深深地刻在黄令仪的脑海里，她不忍心看到同胞再受欺压，也不忍心看到她所热爱的土地再次遭到践踏。她决心要尽自己所能，改变中国落后的现状，让中国强大起来。她对自己说"我愿匍匐在地，擦干祖国身上的耻辱"，她匍匐了下来，用不宽却结实的肩膀挑起祖国复兴的重担，用瘦弱却有力的臂膊擦拭祖国母亲百年的屈辱。

中华人民共和国成立后，19岁的黄令仪考入华东工学院。三年后，她通过努力考入清华大学半导体专业成为一名研究生。1962 年，学有所成的黄令仪带着知识和理想进入中国科学院，在这里，开始了她那近乎奉献一辈子的半导体研究生涯。同年 2 月，中国开始了"两弹一星"工程。原子弹、卫星不是普通的家电，需要极其精密的硬件支持。国家急需相关硬件的研发，黄令仪所在的团队肩负起了这个重任。而他们什么都没有，没有经验，没有设备。怎么办？没有经验就一点一点地算，没有设备就搭建模型一遍一遍地试。就这样，黄令仪带领团队成功研发出属于我们自己的三极管半导体和集成电路，为后来国产芯片的研发奠定了基础。

1964 年，我国自主研制的第一颗原子弹横空出世，打破了西方的核垄断。但科研人员却没有停下自主研发的脚步，因为接下来氢弹和人造卫星也被提上了日程。黄令仪深知其中的利害，带领团队呕心沥血，在原有的集成电路基础上继续发展，成功研发出我国自主生产的第一台远程运载火箭控制系统制导微型计算机——156 计算机。在 156 机的帮助下，我国研制的第一代液体运载火箭成功将我国第一颗返回式卫星送上太空。这使中国成功成为世界上继美国、苏联之后第三个掌握研制、发射返回式人造卫星技术的大国。

同时，有着多年芯片研发经验的黄令仪，深知未来是属于信息技术的时代，而芯片，就是其中最为关键的技术。于是她和团队坚定了加快芯片研发的目标。1984 年，正当黄令仪准备带领团队大展拳脚时，噩耗却接踵而来，有关部门因为经费拮据拒绝了黄令仪的研发申请，这使得我国当时已经接近国际水准的芯片研发进程不得不宣告暂停。谁都没想到，这一搁置，居然会使得将来落后于世界水平的中国芯片技术，成为阻碍中国科技发展的一根刺。几年后的一次机会，黄令仪受邀参加美国组织的国际芯片展览会，现场有无数张展台。那天，她一遍遍地寻找，却始终没能看到那熟悉的五星红旗标签。她失望而归，心中尽是不甘和无奈。会展结束后，她在日记当中沉重地写下一行字：

"琳琅满目非国货，泪眼涟涟。"

当时间翻页到 2001 年，欢庆新世纪的余音还未结束时，一道铿锵有力的声音，正从北京市海淀区中关村科学院南路 6 号的一间办公室发出，而后传向大江南北，宣告着某些停滞已久事物，是时候再次迈步向前。中国科学院的胡伟武教授面向全国发出了打造"中国芯"的集结令，决定重启中国的芯片制造技术。或许是为了履行自己曾经许下的"我愿匍匐在地，擦干祖国身上的耻辱"的誓言，或许是回忆起国际芯片展会上成千上万的展台不见一家中国企业时的心酸与无奈，本应该退休颐养天年的黄令仪主动请缨，毅然加入研发团队。那时，她已 61 岁高龄。

就这样，以黄令仪为主导的龙芯团队成立了。但她很快就收到了一个坏消息，和先前一样，经费十分有限。但她没有计较抱怨。谁能想象得到，一个佝偻着背，头发雪白的老人整日整夜地和一群年轻的研究人员站在研发的最前线，他们不断地发现问题、突破瓶颈。在她的带领和先前所积累的经验加持下，第一颗完全由中国自己制造的"龙芯 1 号"顺利完成研发，这标志着我国芯片从无到有地发展了起来。

但这还不够，我们已经落下太多。"龙芯 1 号"仍然与世界主流 CPU 有着很大的差距，要尽快更新工艺，推进芯片的换代，加快赶上世界芯片发展的脚步。黄令仪是这么想的，也就这么去做了。她继续带领着科研工作者奋斗在研发的第一现场，每一张图纸、每一个细节都需要她亲自过目。而当时，黄令仪已经 80 多岁了。在她的带领和团队的不懈努力下，"龙芯 2 号"和"龙芯 3 号"也相继问世。虽然在性能上仍与迭代迅速、工艺成熟的国际主流 CPU 有不小的差距，但这却是国产芯片的巨大提升和进步，标志着我国芯片在关键领域不再受制于人。天上的北斗卫星、海上的 055 型驱逐舰，以及我们日常出行所需的复兴号高铁，都无一例外地装上了属于我们自己的"中国芯"。

按照这个速度，再过不久，她或许就可以亲眼看到中国自主研发的芯片赶上世界主流，看着中国芯片如何在世界舞台大放异彩。她带着"龙芯"，奋力奔跑，追赶世界。但她自己却没能跑过时间。2023 年 4 月 20 日，黄令仪在北京逝世，她生前仍然在惦记着半导体研发工作。

她不图名，曾被授予象征着计算机领域杰出贡献的"CCF 夏培肃奖"，而她却毫不在意；她不图利，日日夜夜地待在研究所，饿了也只是到饭堂随便吃两口。她有的仅仅是不断地投身到振兴祖国科研项目工作当中的决心，和激励一代又一代科研工作者奋进的毅力。

黄令仪用她的一生，带领着中国自主芯片科技不断发展，为我国科研事业做出了卓越的贡献。她的一生不仅是对科学无限热爱的生动表现，也是对国家未来深切关怀的完美诠释。她是当之无愧的"中国芯片之母"，也是我们国家众多在科技道路上勇往直前的科学家们的一个真实又伟大的缩影。现如今世界局势动荡不安，许多国家的人民饱受战争的摧残，当我们迈着愉快的步伐走上街道，享受每一天时，我们身后是一个强大的祖国在守护我们，更有无数像黄令仪这样的先进科研工作者在为我们的安全保驾护航。让我们铭记这位伟大的"中国芯片之母"，让我们为这些默默无闻的英雄致以崇高的敬意。

砺护国之剑，铸为民之盾——钱七虎

祖一飞 喻思南

人们常说，老一辈科学家普遍对钱不看重，82 岁的钱七虎就是一个典型代表。拿到 2018 年度国家最高科学技术奖的 800 万元奖金后，他仅用不到一周的时间便将其"花"了个精光，而且是一次性"花"完。

2019 年 1 月 8 日，钱七虎获得国家最高科学技术奖。发表获奖感言时，这位满头白发的科学家敬了一个标准的军礼。面对荣誉，钱七虎谈的依旧是责任与担当："我作为军队的一名科学家，要始终把科技强军作为毕生的事业去追求，并为此奋斗一生。这是我的事业所在，也是我的幸福所在……"

与往年不同的是，2018 年国家最高科学技术奖的奖金由 500 万元提升至 800 万元，而且奖金全部由个人支配。钱七虎很快就行使了自己的这项权利：收到奖金没几天，他便主动提出将全部奖金捐出，纳入他此前设立的公益基金，重点资助西部和少数民族的贫困学生。消息传开后，无数网友为之动容。

由于所从事工作的特殊性，在这次获奖之前，钱七虎的公众知名度其实并不高。但在中国的防护工程领域，他向来是一位让人仰之弥高的领路人。60 多年来，钱七虎不仅创立了我国防护工程这一崭新学科，还为其奠定了理论基础，将中国的防护工程研究推向国际先进水平。

军事抗衡中，有"矛"必有"盾"。坚船利炮有了，导弹核弹有了，如何铸就坚不可摧的"盾牌"，是钱七虎毕生钻研的课题。

猛"虎"冲进蘑菇云

20世纪70年代初，中国西北的戈壁深处传出一声巨响，荒漠上空随之升起一团蘑菇云。烟雾还未散尽，一群身着防护服的科研人员就迅速冲进核爆中心展开勘察，钱七虎便是这群勇士中的一员。

当时，钱七虎受命改进空军飞机洞库的防护门。为了发现原有设计中存在的问题，他特意申请到核爆实验现场去。通过观察，钱七虎发现，核空爆后洞库虽然没有被严重破坏，里面的飞机也没有受损，但防护门因为严重变形而无法开启。"门打不开，飞机出不去，就无法反击敌人。"钱七虎说。

那个年代，飞机洞库防护门的相关设计计算都靠手算，计算精度差，效率很低。为了设计出能抵抗核爆炸冲击波的机库大门，钱七虎决定变一变。彼时，有限单元法作为一种工程结构问题的数值分析方法刚刚兴起，钱七虎便大胆决定运用它来计算，这在当时的中国尚属首次。

设计计算需要用到晶体管计算机，但国内只有少数几家单位有这样的设备。而且他们自身的研究任务也很重，设备使用率很高。钱七虎就利用节假日和别人吃饭、睡觉的空隙，打时间差"蹭"设备用。

时间好不容易抢来了，如何使用又是一个难题。面对巨型计算设备，钱七虎团队拿到的只有一本操作手册。由于从来没有接触过，团队中的很多人看它就像看"天书"。钱七虎虽然自学过计算机的基础理论，但从未上机操作过，他也只能硬着头皮现学。

连续两天时间，钱七虎把自己关在房间里啃"天书"。当他再次站在团队人员面前时，他说的第一句话就是"可以上机操作了"。他不仅看懂了操作手册，而且已经开始编写大型防护结构的计算程序。

由于科研任务重，钱七虎常常睡在办公室里，赶任务时啃馒头、吃咸菜是常有的事。有一段时间，他付出了不少心血，实验却一次次失败。"气动实验做了几十次，用了整整一年时间。失败后总结一下教训，就接着准备下一次实验。"

任务攻坚的两年间，钱七虎没有气馁过，他把每一次失败都当成学习的机会，最终解决了大型防护门变形控制等设计难题。为了缩短开关防护门的时间，他还创新提出使用气动装置升降洞库门，成功研制出当时我国跨度最大、抗力最高的地下飞机洞库防护门。拿到成果鉴定书后不久，钱七虎也接到一份"十二指肠溃疡和胃溃疡"的医疗诊断书。那一年，他才38岁。

钱七虎既没因为成果鉴定书而高兴得止步，也没被医疗诊断书吓倒。两张纸都被他放到一边，他趁热打铁，总结起实践经验。

历时10余年，钱七虎带领团队建立了"防护工程抗高速钻地弹打击计算方法"，研发出新型防护材料和高抗力复合结构，从根本上解决了工程防护抗核武器和常规武器的一系列技术难题，为中国战略工程装上了"超强护盾"。

永在一线的斗士

随着侦察手段的不断更新和高科技武器与精确制导武器的相继涌现，防护工程常常"藏不了、扛不住"，"矛"与"盾"在对抗中不断升级。面对挑战，钱七虎带领团队开展抗深钻地武器防护的系统研究，并创造性地提出建设深地下防护工程的总体构想。

为了掌握第一手资料，钱七虎总是亲自去各类深地下工程实地考察。在一次学术会议结束后，他专程坐车赶到200公里外的一座大型煤矿，深入到地下上千米深的作业面实地考察。煤矿的支巷里潮湿、闷热、粉尘遍布，温度高达 40℃，时年 70 多岁的钱七虎在这样的环境中坚持了 1 个多小时，通过观测获得了许多宝贵的信息。

从领导岗位退下来之后，钱七虎却比以前更忙了。他曾说："忙是我这个人一生的特点。"作为多个国家重大工程的专家组成员，他要为决策部门出谋划策。此外，作为顾问，他还经常受邀到工程一线指导项目建设。这些事情，换作是他的同龄人可能会适当推掉一些，但钱七虎来者不拒。

一家研究单位曾邀请钱七虎参加科研项目论证会，会议前两天，他因长年钻坑道落下的关节炎突然发作，腿疼得连走路都困难。主办方听说后，劝他在家休养。钱七虎不肯，执意要去，最后硬是带着止疼药、坐着轮椅参加了项目会。

"钱院士来了，我们做事情心里就踏实、有谱了。"在许多工程师眼中，钱七虎就像一艘大船上的压舱石。工程项目所在地通常交通不便，有时还要深入地下数百米，钱七虎却总是亲自去指导，"现场调查是工程建设的基础，只要时间能安排得开，就一定去"。

"兴趣广泛"的战略科学家

除国防工程之外，钱七虎把科研应用延伸到国家经济和社会发展的多个方面。

从 20 世纪 90 年代末开始，关于城市交通拥堵、空气污染、城市水涝等许多"城市病"的新闻和讨论不时见诸报端。钱七虎利用自己研究地下工程占有大量国内外学术资料的优势，率先提出开发利用城市地下空间的战略。

2000 年，钱七虎参与撰写了我国第一部关于城市地下空间开发利用方面的专著——《中国城市地下空间开发利用》，后来又主持了北京、深圳、南京、青岛等十几座城市地下空间规划的评审工作。经过 20 多年的持续关注和不懈研究，钱七虎已经成为城市地下空间规划领域的权威专家。时至今日，他的那些关于城市地下空间开发、地下快速路、地下物流等理念依然处于世界前沿。钱七虎的一些理念已经在中国"未来之城"——雄安新区的建设中被采纳。

2018 年 10 月，港珠澳大桥正式通车，这背后同样离不开钱七虎的贡献。港珠澳大桥包含一段长约 6 公里的海底隧道，其中海底沉管对接是工程施工中的难题。钱七虎综合考虑洋流、浪涌、沉降等各方面因素，提出合理化建议方案，帮助管道顺利完成对接。

近年来，钱七虎又提出核废物深地下处置、国家能源储备方案等重要建议，得到相关管理部门的采纳。每天晚上的《新闻联播》，钱七虎通常不会落下。除了看电视，他还从各类报刊上获取信息，无论是国家大事还是民生问题，他都习惯与自己的研究领域对上号。"钱学森除了研究航天、火箭和导弹，研究领域也很广泛，比如他曾经提出发展沙产业、建设山水城市等一系列超前理论。"钱七虎以他为榜样，看到哪些事情对国家和人民有利，就把兴趣和爱好投向哪里。

在时任北京建筑大学土木交通学院院长戚承志看来，钱七虎不仅仅是科学家，更是一位战略科学家。"不是每个科学家都可以成为战略科学家的。为什么是他？我觉得是因为他的心里装着国家，想着国家安全，不然他很难站在国家的高度去考虑问题。"

在战火中出生，在军营里报国

钱七虎之所以对国家安全如此重视，与他幼年的经历不无关系。1937 年 8 月 13 日，淞沪会战爆发，日本侵略者进攻上海，血腥的战争逼近江苏昆山县城。钱七虎就是母亲在逃难途中的渔船上生下来的，他在家中排行老七，因此得名"七虎"。

　　每当回想起童年，有两个场景一直萦绕在钱七虎的脑海中：一个是侵华日军将杀死的游击队队员的尸体放在小学操场上示众，还逼迫镇上理发店的师傅下跪磕头，不从就砍头；另一个是他在上海读中学时，美军残暴地打死三轮车车夫。亲历过那个年代的钱七虎，为饱受欺凌的国家心痛不已。

　　中华人民共和国成立后，依靠政府的助学金，钱七虎完成了中学学业。强烈的时代对比，让他自小就在心里埋下了报党、报国的种子。13岁时，钱七虎就报名参加军干校，但因身体原因落选。14岁，他申请加入共青团，并担任共青团支部书记和宣传委员。

　　在上海中学读书期间，正值中国实施第一个"五年计划"，钱七虎梦想着成为一名工程师。因为有目标，他学习起来格外努力，成绩十分优异，6门课中有4门拿了100分。

　　毕业时，一些优秀的学生可以直接被选送到苏联留学，品学兼优的钱七虎也在其中。但当时我国急需培养军事人才，学校领导找到钱七虎，希望他放弃出国，到新成立不久的哈尔滨军事工程学院学习。一边是难得的出国深造机会，一边是国家的需要，钱七虎毅然选择了后者。他心中只有一个念头："没有党和国家，我连中学都上不起，哪能想那么多，组织叫我干啥，我就干啥！"

　　大学6年时间，钱七虎假期只回过一次家，每个假期他都主动留校学习。毕业时，他是全年级唯一的全优毕业生，因此被保送至苏联莫斯科古比雪夫军事工程学院深造。

　　对待学术的严谨精神，钱七虎一直保留到今天。作为国家防护工程重点学科的带头人，他的名气不必多说，但很多学生提起他时都"心有余悸"，因为都曾有过"痛苦却有收获的煎熬"。钱七虎对论文中的每一个数据都要反复试验，每一个判断都要仔细论证。

考虑到钱七虎的年龄和精力，有学生提议帮他代上一些专业基础课，他听完就火了："我们不搞代师授徒那一套，把人招进来就得全心全意地把他们培养好！"

如今，耄耋之年的钱七虎依然活跃在教学研究的一线。工作之余，他坚持每周游泳两次，每次游 500 米。说起原因，这位老科学家笑着说："遵循毛主席指示——身体好、学习好、工作好。"

用炸药开辟中国崛起之路——郑哲敏

田 亮

2013年1月，郑哲敏获得国家最高科学技术奖时，有记者问他："下一步有什么打算？"他开玩笑说："我已经做好随时走人的打算了。"如今，他真的走了。

2021年8月25日，中国科学院院士、中国工程院院士、国家最高科学技术奖获得者、中国科学院力学研究所研究员郑哲敏与世长辞，享年97岁。

郑哲敏是我国爆炸力学的奠基人。提起爆炸，人们往往想到它的威力和破坏性，郑哲敏却用简洁优雅的数学语言概括出爆炸的规律。钱学森欣喜地将这个新学科命名为"爆炸力学"，郑哲敏则被人们称为"驯服炸药的人"。

好好念书，学点本事

郑哲敏的父亲郑章斐出生在浙江宁波的农村，家境贫寒，读过一点书。15岁时，郑章斐去了上海，在一家钟表店里当学徒，边学手艺，边学会计和英语。4年后，郑章斐已是著名钟表品牌亨得利的合伙人，还成了家。之后，他携家人到山东，在济南、青岛开办了亨得利分号。

这名成功的商人从不花天酒地，结交的朋友也多是医生和大学教授。良好的家庭环境为郑哲敏与家中兄妹的成长打下了基础。

1924年10月2日，郑哲敏出生于济南。儿时的郑哲敏很调皮。1931年"九一八事变"后，济南的大街上有很多人游行，抗议日本侵略中国。看到这一幕后，郑哲敏也带着弟弟妹妹举着旗在自家院子里游行，还恶作剧地围着父亲钟表店里的一位师傅转圈，并把一盆水倒在了那位师傅的床上。父亲得知后大怒，用绳子把郑哲敏捆了起来——父亲是在告诉他：自家店里的工人不可以随便欺负。随后，父亲与他进行了一次长谈："商人是最被人看不起的，所以你长大了不要经商，要好好念书，学点本事。"望着新盖的很气派的门店，郑哲敏暗下决心："无论将来做什么，都要像父亲一样做到最好。"

1937年，郑章斐到了成都，在春熙路开了家钟表店。第二年春节过后，叔叔带着郑维敏、郑哲敏兄弟俩来到成都。尽管是大后方，日本的飞机仍不时来轰炸。有一次，老师问郑哲敏以后想干什么，他答："一个是当飞行员打日本人，一个是当工程师工业救国。"

师从钱伟长和钱学森

1943年，郑哲敏以优异的成绩考入西南联合大学。之所以选择这所大学，是因为哥哥郑维敏前一年考上了这所大学。"他是我崇拜的人，他学什么我学什么。到了第二年，我哥哥说，咱们兄弟俩别学一样的。所以我就改专业了，从电机系改到了机械系。"郑哲敏说。

郑维敏后来也成为我国著名的科学家，是清华大学工业自动化专业和系统工程专业的创办者。

当年到昆明报到时，郑哲敏是坐着飞机去的，有这种经济实力的学生并不多见。可学校是另一番景象：校长梅贻琦和很多教授都穿得破破烂烂，学生们在茅草房里上课。但老师认真授课以及活跃自由的学术氛围，给郑哲敏留下了深刻印象。

抗日战争胜利后，1946年，组成西南联大的北京大学、清华大学、南开大学迁回原址，郑哲敏所在的工学院回到北京清华园。这一年，钱伟长从美国归来，在清华大学教近代力学，郑哲敏成了他的第一批学生。"钱先生的课很吸引我们，他是我的启蒙老师。"郑哲敏说。在钱伟长的影响下，郑哲敏将研究方向转向了力学，毕业后还给钱伟长做起了助教。

1948年，国际扶轮社向中国提供出国留学奖学金，全国只有一个名额，郑哲敏获得清华大学校长梅贻琦、教授钱伟长以及清华大学教务长、英语系主任、机械系主任等多人推荐。钱伟长在推荐信中写道："郑哲敏是几个班里我最好的学生之一。他不仅天资聪颖、思路开阔、富于创新，而且工作努力、尽职尽责。他已接受了工程科学领域的实际和理论训练。给他几年更高层次的深造，他将成为应用科学领域出色的科学工作者。"获得奖学金名额后，郑哲敏选择了美国加州理工学院，钱伟长也是从这所学校走出来的。

郑哲敏仅用一年时间就获得了硕士学位，1952年，他又获得应用力学与数学博士学位，而导师正是长他13岁的钱学森。与他一同就读于加州理工学院的同学吴耀祖说，数学课上有比较难的题时，郑哲敏总被老师请上台讲解。吴耀祖开玩笑说："别人做不出来，郑哲敏总是能做出来，难道是因为他的名字中有'哲'有'敏'？"

在临近博士毕业时，郑哲敏第一次独立完成了一项科研。美国哥伦比亚河上有个水库，名叫罗斯福湖，湖两侧是高出水面100多米的高原。美国人想用水库的水浇灌高原上的土地，为此架起了12根直径近4米的水管，但建好后，水管震动非常强烈，根本不能运行。工程方找到加州理工学院的一位教授，听完情况介绍后，教授问身边的郑哲敏："你能不能看看这是怎么回事？"郑哲敏点头答应了。经过计算，他给出了解决办法——消除水管和水泵的共振。此后几十年，这些巨大的输水管持续正常运行。

获得博士学位后不久，郑哲敏陷入困顿。美国移民局不仅扣下他的护照，还以"非法居留"的罪名把他关起来。幸亏好友冯元桢（著名生物工程学家）花1000美元把他保释出来。

没有身份证明，又不能离境，郑哲敏只能在学校当临时工，生活很拮据。有人给郑哲敏支招，让他找水坝工程方再去要些钱，因为郑哲敏解决了这么大的问题，只得到区区400美元，但郑哲敏没那么做。"他就是一个做学问的，没有那么多花花肠子。"郑哲敏的学生、中国科学院力学所研究员丁雁生谈及导师的往事，感慨良多。

想为国家做点实实在在的事

1955年2月，郑哲敏回到百废待兴的祖国。"我离开美国的前一天晚上，钱先生（钱学森）请我到他家吃饭。钱先生说，现在中华人民共和国刚刚成立，我们研究的问题也不一定能马上用得着，国家需要什么我们就做什么。"8个月后，钱学森也回国了，并于第二年创建了中国科学院力学所，郑哲敏成为该所首批科研人员。

1960年秋天，中国科学院力学所篮球场上围了一群科研人员，一个小型爆炸实验正在进行。"砰"的一声，一块手掌大小的铁板被雷管炸成一个规整的小碗。郑哲敏在解释这个小碗的成形时说："在铁板上面放上雷管，雷管周围放好水，密封好，爆炸时水受到挤压，进而把铁板挤压成想要的形状。"钱学森兴奋地说："可不要小看这个碗，将来我们的卫星上天就靠它了。"就这样，一个新兴的专业诞生了，钱学森将其命名为"爆炸力学"，带头人就是郑哲敏。

20世纪60年代初，"两弹一星"的研制工作正在紧锣密鼓地进行。由于加工工艺落后，很多形状特殊的火箭关键零件很难制造出来，郑哲敏的任务就是用爆炸成形的方法制作火箭零部件。"火箭上零件比较大，但是很薄。做这些最好的办法就是用水压机，但是我们国家当时没那条件，所以作为应急的一种方法，爆炸成形是不错的。"

20世纪70年代初，珍宝岛自卫反击战后，为改变我国常规武器落后的状况，郑哲敏参加穿破甲机理研究。在兵工部门的大力支持下，他提出用模拟弹打钢板的办法研究炮弹打装甲的规律，通过大量合作实验和分析计算，最终使弹药能在规定距离内打透相应厚度的装甲，也提高了我军装甲的抵抗能力。

爆炸虽然在军事上更多见，但郑哲敏也可以让它在民用工业领域发挥作用。许多设备需要焊接铜板和钢板，由于材质不同，焊接工人束手无策，他领导研究爆炸焊接，使不同材质的金属板成功黏合；针对煤矿瓦斯突出事故，他从力学角度分析资料，组织实验和井下观察，为判断煤矿瓦斯突出危险性提供基础理论；他还用爆炸方法解决了海底淤泥问题，爆炸处理水下软基技术获得国家科技进步奖二等奖。对此，郑哲敏说："我就是想为国家做点实实在在的事。"

不过，据郑哲敏介绍，爆炸力学在很多领域都是过渡性学科，现在我国有大型水压机了，爆炸成形技术也就被替代了。但他也没闲着，又转到了新的研究领域——天然气水合物，即可燃冰。

多年前，郑哲敏曾对他的学生们说："不能给工业部门打小工。"对此，他的学生、中国科学院院士白以龙是这样理解的："科学院的工作要走在国家需要的前边。等到工业部门可以自己处理问题时，科学院必须已经往前走了，而不是跟他们抢饭碗、抢成果。"

在郑哲敏看来，他的责任远不止解决这些科学问题，他在一篇文章里写道："科学的繁荣孕育于自由交流和碰撞之中。"为了加强中国力学界与国外学界的交流，1988年，郑哲敏开始为申办在国际上极具影响力的世界力学大会奔波。2008年，84岁的他带着氧气瓶登上飞机，继续为这一目标努力。2012年，四年一度的世界力学大会在北京举办，彼时郑哲敏已经为此奔波了24年。

最后的时光

就在2013年"做好随时走人的打算"时，89岁的郑哲敏还说道："我已是风烛残年，但还是想做一些自己愿意做的事情。"那就是继续搞科研。

这位慈祥平和的老人，在学生眼里是严厉的。他的学生、中国科学院力学所研究员李世海说："有时候我参加社会活动多，他就会严肃地批评我，告诫我要潜心研究。"

对此，郑哲敏的解释是："现在年轻人压力大，不能沉下心想远一点的事。搞科研很苦、很枯燥，要耐得住寂寞。科研人员不能老想着发财的事，但只要给他们一个体面的生活，他们一定会好好干。不要刺激他们，用各种名利吊他们的胃口。现在很多科学家天天算的就是工资多少、绩效多少，每天操这些心，像无头苍蝇一样，这就不可能想大事、想长远的事。"

2019年，郑哲敏的身体状况每况愈下，常常进出医院。即使后来长期住院了，他也常叫人来汇报工作。2020年10月2日是郑哲敏的生日，在一个微信群里，他的同事们纷纷留言表达祝福。其实郑哲敏并不在群里，但大家就当他在。

学生李和娣把群里大家的祝福转发给郑哲敏。郑哲敏趁医护人员不注意，偷偷给李和娣回了个电话，向大家表达感谢，结果被护士发现，受到了批评。为他的健康着想，医生严格限制他使用手机。但过了一阵儿，他又偷偷给李和娣发了一条微信："谢谢！"这也是他给李和娣发的最后一条微信。

贰

我追寻的梦，是中国梦

禾下乘凉梦，一梦逐一生——袁隆平

摩登中产

一

袁隆平在重庆读大学时，有同学在嘉陵江失踪，他跳江搜寻，顺流而下，一口气游了 5000 多米。

他是游泳健将，读中学时得过游泳选拔赛 100 米和 400 米两个第一，还得过省体育运动会游泳项目的银牌。

1952 年，贺龙主持西南地区运动会，袁隆平代表川东到成都参赛。他因好奇龙抄手等小吃，吃完后身体不适，表现不佳，最终得了第四名，而前三名都入选了国家队。

返回大学后，他报名参加空军，在 800 多报名者中脱颖而出，然而因在校大学生更需要参加经济建设，而未入伍。

好友为他忧心，他却毫不在意，自我评价：生性散漫，喜欢过率性而为的生活。

他读的是农学院，在毕业分配表格上，随手填下"愿意到长江流域工作"，最终被分配到湘西的安江农校。

同学在地图上找了半天没找到，告诉他那里比较偏，会一盏孤灯照终身。

袁隆平说："没事，寂寞时我就拉小提琴。"

他从重庆坐船到武汉，再从武汉坐火车到长沙，然后坐了两天烧炭的汽车，翻过雪峰山，最终到了安江。

校长生怕大学生跑了，特别强调学校有电灯，但令袁隆平更满意的是，学校旁边就是沅江，他放下行李就去游泳。

最开始，袁隆平负责教俄语，但很快改教遗传学。读大学时，他的专业是遗传育种，然而开始教书后，他才发现学校没有教材。于是，他带学生去雪峰山采集标本，自制图表，自编教材，在班上成立科研小组，做农学实验。

他时常想起小时候看的《摩登时代》，卓别林想喝牛奶，招手奶牛即来；想吃水果，手伸到窗外就摘。一个时代的摩登，根基在田园。

他开始做嫁接实验，让红薯上开月光花，让番茄下结马铃薯，让南瓜秧上长出西瓜："当年结了一个瓜，南瓜不像南瓜，西瓜不像西瓜，拿到教室让学生看，大家哄堂大笑，吃起来味道也怪怪的，不好吃。"

欢乐的实验很快戛然而止。袁隆平在自传中说，三年困难时期，亲眼看见饥饿的人倒在路边、田埂边和桥底下。

有人发明了"双蒸饭"，饭蒸两次后，会看着多一些。袁隆平几次梦见吃扣肉，醒来才知是南柯一梦。

他因此开始研究水稻。

1961 年 7 月，他在田间偶然发现一棵鹤立鸡群的稻株。稻株的稻穗低垂，颗粒饱满，推算下来，用其做种子，水稻产量能翻一倍。他小心翼翼地培育了一年，但新稻田的收获令人失望。他坐在田埂上反思，意外地想明白了水稻杂交的可能性。

一切工作的关键变成寻找野生不育株。他带个水壶，前往稻田，寻找天然的特殊稻苗。多年后，他才知道，那个概率是五万分之一。14 天后，他在

14万株稻苗间，找到了第一代不育株，并以此写了论文。1966年，他的论文发表在中国科学院主办的《科学通报》上。

他因那篇论文被高层关注，得以继续研究，然而妒者甚多：中专教师能搞什么研究，不过是骗取国家经费罢了。

1968年夏天，袁隆平培育的不育株一夜之间被人拔光。袁隆平四处寻找，3天后，在一口井中发现水面上浮着5株秧苗。

那5株秧苗成为宝贵的延续。此后为了安全，袁隆平带着两名助手，远行广东、广西、云南和海南。

在云南，他们遭遇滇南大地震，从废墟中抢出种子。在海南三亚，他们碰到大洪水，只得将秧苗带着土挖出，放到门板上，漂游转移。在海南时日子清苦，他们唯一的福利就是从老家带去的腊肉，但只有在特殊日子才能吃，若平时想吃，需举手表决。

1970年，袁隆平的助手李必湖在铁路涵洞的水洼中，发现了一棵野生的不育株。袁隆平从外地赶回，将其命名为"野败"。

"它像一堆野草，叶子一碰就掉了。"在当时，众人未曾料到，"野败"会成为奇迹的起点。

二

袁隆平研究发现，"野败"完全符合培育需求，18个省市的科研人员赶赴三亚，水稻杂交的浪潮自此开始。

1975年，南方的杂交水稻种植面积仅370公顷，一年后便飞跃至13.87万公顷，两年后激增至210万公顷。

袁隆平的事迹传遍神州，被写入课本。对这片饱经风霜的土地而言，吃饱饭的意义不言而喻。

1981 年，袁隆平被国务院授予"特等发明奖"，他也成为继陈景润之后，新的科学偶像。1982 年，袁隆平受邀前往菲律宾，参加国际水稻学术报告会。登台后，投影仪忽然打出他的头像，下面写着"Yuan Longping, the Father of Hybrid Rice（袁隆平——杂交水稻之父）"。主办方的代表说："我们把袁隆平先生称为'杂交水稻之父'，他是当之无愧的。他的成就不仅是中国的骄傲，也是世界的骄傲。他的成就给世界带来了福音。"

事实上，早在 1979 年，袁隆平便已在国际会议上推广中国的杂交水稻，来自 20 多个国家的专家听得聚精会神。

会后不久，美国企业来华签订协议，要在美国种植杂交水稻，这是中国农业领域第一个对外技术转让合同。袁隆平 5 次赴美传授技术，骑自行车往来于美国的稻田。种植杂交水稻的稻田增产明显，美方震惊，特意到湖南拍了一部彩色纪录片，名叫《在中华人民共和国的花园里——中国杂交水稻的故事》。

杂交水稻迅速风靡世界，日本出版了《神奇水稻的威胁》一书，菲律宾总统飞到北京给袁隆平颁发勋章。

袁隆平的学生到东南亚的一些地区传授技术，因在政府军和反政府军交错地带工作，多次被绑架，但绑架者听说他是粮食专家，总会立即释放。在更远的非洲马达加斯加，杂交水稻解决了当地的温饱问题，被印在面额最大的货币上。袁隆平说，当时种植杂交水稻的国家有 20 多个，其中一个是印度，吃大米的人有八九亿，还有一个是越南，吃大米的人有六七千万。

成名后，袁隆平接受采访时，反复提及他有两个梦：一个梦，是他在稻田中睡觉，水稻像高粱一样高，稻穗像扫帚一样长，籽粒像花生一样大，他称其为"禾下乘凉梦"；另一个梦，是杂交水稻覆盖全球。若全球的稻田有一半种上杂交水稻，可多养活四亿到五亿人。

他倾其一生，希望实现两个梦。

三

20 世纪 90 年代，袁隆平 3 次被推荐为中国科学院院士候选人，3 次落选。舆论为他抱不平，但袁隆平淡然处之，"我搞杂交水稻研究不是为了当院士，没评上院士说明我的水平不够"。1995 年，袁隆平成功当选中国工程院院士。2006 年，袁隆平被推选为美国科学院外籍院士。在新当选院士的就职典礼上，美国科学院院长、诺贝尔奖得主西瑟·罗纳介绍袁隆平时说："袁隆平先生发明的杂交水稻技术，为世界粮食安全做出了杰出贡献，增产的粮食每年为世界解决了 7000 万人的吃饭问题。"

参会后，在美国白宫前，袁隆平被中国游客发现，人们纷纷要求合影和签名，有人喊他"伟大的科学家"。在自传中，袁隆平说，这让他诚惶诚恐，"不是伟大，是尾巴大，尾巴大了也有好处，就是不能翘尾巴"。

亲历近一个世纪的人生激流，袁隆平早知浮沉真意，高楼大厦让他压抑，他的梦终究还是在稻田之中。

晚年的袁隆平，活得越来越有青年时自在的感觉。他尽力远离喧嚣，说话也越来越直率。他写自传，说上学时爱睡懒觉，说他也在乎名利，只是不放在第一位。常有记者让他到稻田里拉着小提琴摆拍，最后他直言说自己拉得不好听。有记者问他："您是几代人都非常敬佩的偶像，能给年轻人一些人生方面的建议吗？"他回答："人生啊？这是哲学问题，我不懂，问哲学家吧！"

他的爱好只剩运动和看书。他一度迷上气排球，打球时老人高度兴奋，其他人忘记比分，他一定记得。几年前，因为气喘，他被迫放弃游泳，此后，走路也需要人搀扶。所幸看书不受影响，他每周有 3 天看专业书，其他时间看文史、地理，以及其他专业之外的书。

他说，运动和看书的目的，是让脑子灵活，让他还能够下田。

2020 年 11 月，袁隆平的团队培育的第三代杂交水稻亩产达到 1530.76 公斤，刷新了世界纪录。他流泪了。对年逾九十的袁隆平而言，世事已难让他动情，除了禾下的梦。

然而，他无法再目睹两个梦的后续。2021 年 5 月 22 日 13 时 07 分，袁隆平与世长辞。

悲怆之情在社交媒体上蔓延，不同年龄的人都在表达哀思。有的人平时沉默寡言，但离去时总让国人心头一空。

91 岁的袁隆平，大半生在稻田之中。当我们见多了天马行空、光怪陆离的事，想起他，总觉得安心和有底气。

长沙市民自发送别袁隆平，浩荡的人潮涌入街巷。这是最朴素，也是最厚重的致意。那人潮，就像他曾经畅游的嘉陵江、沅江和长江。

江涛阵阵，送别一位老人。

一"麦"相承为苍生——李振声

黑皮豆腐

《谁来养活中国》是1994年美国经济学家莱斯特·布朗发表的一份报告，意在讽刺中国人口逐渐增长，而粮食却严重供应不足。对此，中国"小麦之父"李振声在博鳌论坛上用自己的成果与言论逐一辩驳谬论，并且坚信"中国人能养活自己"。

如今，家家户户皆知"杂交水稻之父"袁隆平先生，却鲜知"小麦之父"李振声先生，而"南袁北李"中的"李"，指的就是李振声。

李振声出生于山东淄博的一个农民家庭，家中有四个孩子，他13岁那年父亲去世，使得本就贫寒的家庭雪上加霜。但李振声的母亲十分重视孩子的教育，哪怕咬紧牙关，也要供李振声完成学业，让他有幸有了一路读到大学的机会。

李振声与小麦的关系，还要追溯到年少时遇上的一场饥荒。那时村子里的人肚子里都没粮，个个面黄肌瘦，而这幼时艰难的经历使得他在心中更加了解粮食的重要性。

那一刻起，李振声的心中便萌生了一个"不知天高地厚"的想法——让所有中国人都能吃上饱饭。

1951年，为了实现这个愿望，他决心报考山东农学院，毅然决然地投身农业领域。

1956 年，李振声与课题组同志前往位于陕西省的中国科学院西北植物研究所工作。一到当地，李振声就碰上了一个十分棘手的难题——小麦条锈病。当时，小麦条锈病在我国黄河流域肆虐，一年便能导致小麦减产百亿斤。这让李振声感到一阵心寒，回忆起了当初粮食产量不丰，村民饥肠辘辘的模样。

小麦是中国人赖以生存的粮食作物之一，还是营养价值最高的粮食作物之一，全球更是有将近三分之一的人口将小麦作为主食，可见小麦的地位并不输于水稻作物。在 20 世纪 50 年代左右，小麦却深受条锈病的危害，这是一种小麦中的"癌症"，一旦遇上，无法根治。

小麦感染上条锈病，会减产 40% 以上，有时甚至严重到绝产。也正是如此，李振声才会下定决心，誓要解决小麦减产严重这一问题。

多数农学家在培育新的粮食品种时，一般会先使用近亲繁殖，然而小麦条锈病直接让这一培育手段作废：条锈病使近亲育种的杂交小麦失去抗性只需要短短的五年半，因此，育种的速度完全赶不上失去抗性的速度。

这让杂交小麦研究一度陷入育种进度停滞不前的状态。

李振声思索良久，提出一个大胆又新颖的想法——远缘杂交。条条大路通罗马，既然"近亲繁殖"这条路不通，那就试试"远亲杂交"。

小麦是温室的花朵，野草却是野蛮生长的韧草。设想简单，实践却难，远缘杂交研究困难重重：亲和力不足，无法杂交，后代无法再育，抗病性逐渐稀薄……这都是远缘杂交的难题。

然而李振声与他的课题组同志闯过重重难关，在经历数十种杂交研究后，终于选中了一株名为"长穗偃麦草"的草本植物，小麦与它的杂交最为成功。

成功找到目标植物，不过是长征路上的第一步。为了实现远缘杂交，李振声花费了 22 年，贡献了自己的大好年华，终于成功推出了"小偃系列"。

"小偃6号"的出现，攻克了小麦大量减产的难题，迄今为止，黄淮海流域还流传着这样一句话："要吃面，种小偃。"可见"小偃系列"的出现，带给了农民怎样的惊喜！这项研究不仅带给农民欢喜，更是农学领域不可磨灭的贡献与成就。1985年，"小偃6号"获得了国家技术发明奖一等奖。

"小偃6号"的出现虽缓解了育种难，但仍是常规育种时间的三倍之久。大家都知道"小偃6号"种子好，但它育种时间长、育种操作难的问题，仍然是横亘在人们面前的一道坎。只要有问题，就一定要想办法解决！李振声冥思苦想，既然育种时间长，那么就想办法缩短时间。他决定从"染色体遗传规律"入手研究育种。在众多小麦后代当中，李振声惊奇地发现了蓝粒小麦，这让他喜不自胜，经过进一步研究，他断定这是"异代换系"。

此后，他利用这一发现与普通小麦进行杂交，大大缩短了杂交育种时间，三年四代即可完成一整套育种过程。而这也是一种全新的首套育种手法，叫作"小麦缺体回交法"。

从此，我国在小麦杂交的历史上，实现了质与量的飞跃，李振声先生的名字被深深地刻在了小麦种植的荣誉碑上。

李振声一生中的荣誉不仅仅是"小偃6号"与"小麦缺体回交法"。在农学科研领域，他勤勤恳恳、大放异彩，在人民生计上，他更是不断奔波、为民种粮。最著名的就是被称为农业领域的"黄淮海战役"。

1985至1987这三年，我国粮食产量停滞不前，人口却急速增加，粮食供不应求。李振声于各个基地进行考察，经过实地考察后，提出了"黄淮海中低产田治理方案"，旨在推进粮食增产增量，同时组织百余名科研人员与冀、鲁、豫、皖四省政府进行合作治理。

经过两期六年的治理，1987至1993年，我国粮食增产1000亿斤，仅黄淮海地区就增产504.8亿斤。1988年5月，时任国务院秘书长陈俊生视察中国科学院地理研究所禹城综合试验站和"黄淮海战役""一片三洼"实验区，提出"你们创造了科研与生产结合典范，为黄淮海中低产田改造和荒洼地开发治理提供了科技与生产相结合的宝贵经验"，并在组织撰写的报告《从禹城经验看黄淮海平原开发的路子》中首次提出"黄淮海精神"。

2011年，李振声提出建设"渤海粮仓"，实现环渤海地区大幅度增产的科学依据，"渤海粮仓科技示范工程"于2013年正式启动；2020年，年近90岁的李振声又提出建设"滨海草带"的设想，以确保我国饲料粮安全。

李振声先生一生致力于农学研究，满足于"人民吃饱饭，吃好饭"，一生都奔走于田地泥洼之中。即使他成了后来人难以望其项背的人物，但在生活当中，他始终保持着极其朴素和节俭的生活习惯。他深知粮食来之不易，从不曾浪费一粒饭。他从不在食物上挑挑拣拣，有趣的是，他的团队成员因为他的用餐习惯，一度不知道他最爱吃什么。

研究小麦是他的毕生所求，但为人为师的道理，也是他一生所遵循的。他的学生并不都是科研人员，他在中国科学院西北植物研究所时，常常收到农民来信，而他也是有信必回、悉心教导。"严于律己，宽以待人，大处着眼，小处着手"是他的座右铭，也正是这四句格言，诠释了他在科研道路上的勇气、毅力与格局。

如此光芒闪耀而又可爱的李振声先生，又怎么不值得广大群众尊敬和喜爱呢！

中国人也能到月亮上去——欧阳自远

余驰疆　陈佳莉

"我总想看看月球究竟是什么样子，也很想知道桂花树究竟是怎样的形态。我很敬佩吴刚无止境砍树的精神，很想探寻这些秘密。"

经过26天的"长途跋涉"与"养精蓄锐"，2019年1月3日，"嫦娥四号"成功着陆月球，并通过"鹊桥"中继星传回世界第一张近距离拍摄的月背影像图，揭开了月背的神秘面纱，这也是人类历史上第一个在月球背面成功实施软着陆的人类探测器。

这趟"月背之旅"为什么能让全世界为之沸腾？"嫦娥之父"欧阳自远曾用通俗的语言解释其中的意义：月球背面的南部有一个巨大的坑，这是40亿年前砸出来的。我们的"嫦娥四号"，就是要落在月球背面的那个大坑里。

"走，到月球背面去！"这声召唤，终于让84岁的欧阳自远听到了回响。

一

每次听到媒体称他"嫦娥之父"，欧阳自远都会坚决反对："中国探月工程的阶段性成功不是某一个人努力的结果，而是成千上万人工作的成果，叫我'嫦娥之父'，反而使我处于一个难堪的位置，所以我绝对不赞同这样的称呼。"

欧阳自远是我国天体化学学科的开创者、月球探测工程的首席科学家。相比外界给予的光环，他更愿意称自己是个"修地球的"。

他早年从事地质工作，后来进行核爆研究，现在一直主持月球探测工程，曾成功推动中国第一颗探月卫星"嫦娥一号"的发射升空。此后，"嫦娥计划"从一号到五号探测卫星，全都离不开他的参与和推动。2014年11月4日，国际小行星命名委员会将一颗编号为8919号的小行星命名为"欧阳自远星"。

中国的探月准备工作做了35年，其中仅是论证，就从1992年一直做到2002年。这10年，对欧阳自远来说，难点不是写报告，而是如何赢得国人的理解和支持。他最初面临的质疑很多，近20年来，没有其他国家提出探测月球，为什么中国要去探月？欧阳自远得慢慢说服所有人，让大家了解探测月球的价值和意义，然后再将计划一步步地提交给各级的评审。

之后问题又来了。"当时很多科学家在讨论的时候都会问我为什么不把这个项目给他们。因为中国月球探测已经有点苗头了，谁都希望把自己的项目插进去。每一位科学家都想做一些事情，这很正常。"

尤其令欧阳自远感到压力的是，人们都希望看到"嫦娥"系列卫星一个接一个地发射成功，无法想象一旦失败会怎样。"开汽车都会遇到发动不起来的状况，如此复杂的探月工程怎么可能没有问题？所以我们的压力很大，要发射出去就必须成功！"欧阳自远说，"发射'嫦娥一号'时，我的血压、血糖、血脂都很高，几个月睡不着觉，发射的时候手心也一直在冒汗……但是我们要经受得住这种锻炼和煎熬，什么都一帆风顺，是不可能的。"

不过，欧阳自远还是不喜欢谈困难。他觉得探月工程是中国"两弹一星"精神、载人航天精神的继承，自己现在所遇到的困难，是每一个参与重大项目的科学家都会遇到的，也是从前那些奋战在戈壁深处的老前辈经历过的。

"有多少当年参与'两弹一星'的科学家，默默无闻地奋斗了一辈子，最后怀揣着科学理想走到生命尽头，直到埋骨戈壁滩，都没能实现梦想。而我已经能看到梦想在宇宙深处展现的淡淡轮廓。"

二

从 40 年前第一次触摸到月岩起，欧阳自远就将自己的命运与月亮绑定在一起了。从研究地质到陨石，从申请探月到实现"嫦娥计划"，欧阳自远一心只做追月人。

1992 年，中国载人航天工程立项，"神舟号"正式登上历史舞台。这让时任中国科学院资源环境科学局局长、中国科学院地球化学研究所所长的欧阳自远看到了探月的希望。

1993 年，他彻夜伏案写下两万字的《探月的必要性与可行性报告》，从军事、能源、经济等多方面阐述了登月的重要性，提交给国家高技术研究发展计划专家组。

接下来的 10 年，欧阳自远不断同上层力争，跟专家、同事改进工程方案。他的妻子邓筱兰如此形容："他几乎把所有时间都用在工作上，回到家就是进书房看书、查资料，家里的事儿什么都不管，饭做好了叫他吃，好的赖的都能吃，恨不得天天穿一件衣服。小孩的生日永远记不住，只大概知道是几岁。"

2003 年年底，经过 10 年的努力，一份关于"嫦娥一号"的综合立项报告被送进中南海。两个月后，时任国务院总理温家宝在这份报告上签了字，批准了中国月球探测第一期工程，欧阳自远被任命为首席科学家。这距离他开始研究月球已经过去了整整 25 年。那一天是大年初二，欧阳自远带着 4 名学生，与探月工程的总指挥栾恩杰下了趟馆子。他特地开了一瓶茅台酒，举杯时声音有些颤抖："所有努力都是为了今天，我们很幸运。"

中国的探月工程分为三步——绕、落、回，即一期突破绕月探测关键技术，二期突破月球软着陆、月面巡视勘察等技术，三期突破月面采样和返回地球等技术。因此，一期开始的 2004 年被称为绕月探测工程的开局年，这之后便是 3 年的攻坚时光。3 年里，每一个项目都离不开欧阳自远的参与，70 多岁的他每晚只能睡三四个小时，在各个对接城市来回穿梭。

2007 年 10 月 24 日，"嫦娥一号"绕月卫星在西昌发射，它需要进入距月球 200 千米的使命轨道才算成功，而这个过程需要 13 天。

回忆当时，欧阳自远仍然心情激动："我们熬着睡不着觉，忧心忡忡。我害怕得手心流汗，怕它没抓住轨道。13 天后，卫星终于上了轨道，我从来没那么激动过，抱着孙家栋（探月工程总设计师），两个七老八十的人说不出话来，眼泪一直往下流。"中央电视台的记者在一旁问他的感想，他脑袋一片空白，只能哭着说："绕起来了！绕起来了！"

2010 年 10 月，"嫦娥二号"卫星升空，新的奔月轨道试验开始；2013 年 12 月，"嫦娥三号"探测器登陆月球，并陆续开展了"观天、看地、测月"等任务，标志着探月工程二期目标的实现；2019 年 1 月，作为"嫦娥三号"备用卫星的"嫦娥四号"也成功完成了登陆月球背面的任务。后来，欧阳自远还全身心地投入探月工程第三期，即"嫦娥五号"的工作中。

聊起探月计划，最令欧阳自远动容的，是说起"嫦娥一号"最终命运的时候。2009 年 3 月 1 日，"嫦娥一号"完成所有绕行任务，将按照计划撞向月球，葬身太空。那是欧阳自远最心痛的时刻，呕心沥血 10 年，"嫦娥一号"犹如自己的孩子。他声音有些哽咽："'嫦娥一号'最后在我们的控制下，飞了一刻钟、1469 公里，撞在丰富海，粉身碎骨。它真的是一位'英雄'，为了国家的利益而献身。后来我说，以后不要撞了，所以'嫦娥二号'的命运好多了。它完成自己的使命后，我们找了个活儿给它干，让它去'监视'一颗名为'战争之神'的小行星。"

他将"嫦娥一号"称为英雄，将所有的"嫦娥号"比作自己的孩子，这便是一位科学家的柔情。

三

在"嫦娥工程"中，欧阳自远的身份不仅仅是探月计划提议者、探月可行性报告的提交者、首席科学家……他还有个特殊的身份——移动的演说家。

近些年，他几乎每个月都要参加三四场探月报告会。这样的会议在2004年前后最为频繁。当时，外界对探月仍然持质疑态度。大部分质疑针对的是工程所需的14亿元的预算。

"大家觉得我们在地球上有那么多事要做，西部要开发、东北要振兴、中部要崛起，还有贫困人口问题没解决，到月球上瞎折腾什么？何况20世纪美国和苏联搞了108次，现在中国人再做值不值，有很多很多的质疑。"

作为首席科学家，欧阳自远只能反复解释，像战国时期的苏秦、张仪，不断在人群中游说。那时，年近七十的他随身携带笔记本电脑，亲自撰写稿件，写了20多个版本的演讲稿。他对记者解释："从官员、科学院院士、大学生到中学生、小学生，都必须让他们听得明明白白。"粗略统计，至少已有10万人听过他关于探月工程的演讲。

最著名的例子便是拿北京地铁做比较。当时，北京市政府公布，地铁造价1公里7亿元，于是欧阳自远略带玩笑地跟大家说，地球到月球大约38万公里，但探月工程一期也就花了修筑北京地铁2公里的钱。他说："其实我想让大家了解，我们就使了14个亿。"

他希望以最平实的语言让公众理解科学、对科学产生兴趣、亲近科学、热爱科学。"如果听众没听懂，或者觉得没意思，那一定是演讲者的问题。"

十多年来，欧阳自远每年都会对自己的科普报告做统计——平均每年 52 场，面对面的听众 3 万余人。

2018 年，欧阳自远在一次采访中说："我已经 83 岁了，要完成的事情太多了，我觉得可能做不完，所以希望能够多一点时间把它做好。"

鲐背之年的欧阳自远将人生余下的岁月和奔月梦想紧紧联系在一起，他相信自己一定能亲眼看到月球上留下中国人的脚印。

我想逆着人走——顾行发

许 晔

顾行发30岁出头时，就过上了令许多人艳羡的生活：在法国当终身研究员，住在普罗旺斯的别墅里，夏天到尼斯、戛纳的海边度假，冬天到阿尔卑斯山滑雪。但40岁出头时，他放弃了这一切，回到中国，投身于几乎一穷二白的遥感事业。转眼间，顾行发即将62岁，早已成为全球遥感领域的顶尖科学家，却始终保持着谦逊、随和与赤诚。

他喜欢讲读书时的窘事，讲生活里的遗憾，也讲4次登上天安门观礼台看阅兵式的自豪，讲完又自我调侃"这是小老头儿拉家常"。即便把话题拉回相对枯燥的专业领域，他依然妙语连珠："简单讲，遥感就是通过卫星远距离地探测地球，给地球拍照片、拍视频、拍CT，来了解地面上发生的一切。"

他助力中国遥感事业腾飞，但鲜少谈及背后自己的付出与牺牲。他一以贯之的人生态度是：什么困难就做什么，什么短缺就做什么。"当'逆行者'，做祖国需要的事，而不是做别人认为我应该做的事，这样的人生才是有价值、有趣味的！"

对遥感"一见钟情"

顾行发对遥感产生兴趣的源头，可以追溯到少年时代。那时的他，生活在湖北农村，从没坐过火车，连汽车都很少坐，有时看到飞机划过天空，留下一道长长的白线，便梦想着未来去探索更高、更远、更神秘的领域。

1978 年，顾行发 16 岁，以所在中学第一名的成绩考上了武汉测绘学院（今武汉大学测绘学院）航空摄影测量专业。"当时我主要是看上了'航空'两个字，心想航空很好，摄影也很好，哪想到这个专业主要学的是测绘。"

幸运的是，顾行发在大学里遇到了自己"遥感梦"的启蒙人——边馥苓老师。因为听了边老师的课，他第一次知道了什么是遥感，了解到遥感卫星的用途有多大。他跑到图书馆，把一本名为《遥感手册》的书看了一遍又一遍。他对航空航天朦胧的喜爱，此刻变成清晰的目标：学遥感！

可下定决心报考遥感专业的研究生后，他才发现当时国内大部分院校都没有开设这个专业。北京大学倒是有，但要考自然地理，他从没学过这门课。最终，他因一分之差与北大失之交臂。

没学成遥感，毕业分配之际，顾行发做了一个出人意料的决定：申请去西藏。"那时有个说法，毕业要去'天南海北'（天津、南京、上海、北京），不去'新西兰'（新疆、西藏，甘肃兰州）。但我想逆着人走，到最艰苦的、别人不愿意去的地方，利用所学有所作为。"

他兴冲冲地向学校提交了书面申请，结果申请被学校打了回来，原因是那年"西藏没指标"。

顾行发后来时常感叹，人生的遗憾和收获总是交替出现。他没去成西藏，却被分到"当时最好的地方"——位于北京的国家测绘局测绘科学研究所。他兴奋极了，不为别的，只因为那里有遥感资料部。

"原本说安排我到航空摄影测量研究室工作，但我强烈要求去搞遥感。没想到进了遥感资料部才发现，这里主要的工作是洗卫星照片，而不是搞遥感研究与应用。"好在所里关注遥感研究的人不少。不久后，研究员夔中羽带着刚大学毕业的他，尝试用 3 个做航空摄影的相机来模拟遥感卫星，以同时实现测绘和遥感的功能。

几年后，顾行发因这项研究荣获 1990 年度国家科学技术进步奖二等奖。而此时，他已在法国读博，学的正是自己心心念念的遥感。

"我还是得回中国去"

把时间拉回到 1986 年。这年 2 月，法国发射了 SPOT 卫星，成为继美国之后第二个发射遥感卫星的国家。彼时的中国，在相关领域的技术水平同世界先进水平相比还有很大差距，迫切需要培养一批懂卫星、懂遥感的人才。于是，顾行发被公派到法国学习。

初到国外的那段日子，顾行发至今难忘。分子光谱课考试，满分 20 分，他只考了 3 分。"那时候受的打击挺大的。真正学遥感之后，我发现它涉及物理范畴，以前学的测绘，其实比较偏几何范畴。再加上语言障碍，老师讲得又很快，我上课基本听不懂。"

怎么办？顾行发想了个招儿：做点儿春卷给法国同学吃，然后借他们的笔记抄，有不懂的地方再向他们求教。就这样，靠着一腔热血和不懈努力，顾行发从 1987 年到 1991 年在法国先后拿到地质系遥感应用学硕士学位、物理系遥感物理学硕士学位和博士学位。

学成后，他想回国效力。但由于国内开展遥感研究和应用工作的条件尚不成熟，孙家栋院士、童庆禧院士、吴美蓉教授等老一辈专家建议他先留在法国多看、多学，同时与国内同行多交流，"未来总有报效祖国的一天"，他便留在了异国他乡。那些年里，他心系祖国，常召集在法国工作的中国科学家组成志愿团，回国为祖国的发展建设出谋划策。

2003年，一年一度的世界遥感大会在法国图卢兹召开，中国去了300多人，但没有一篇文章介绍中国的卫星，也没有一个人讲中国对地观测卫星计划。"整个大会，一点儿中国声音都没有。"顾行发大受刺激。在图卢兹广场上，他对中国科学院遥感应用研究所的田国良教授说："我虽然常回国交流，但现在看来，这无异于隔靴搔痒。想做中国的遥感卫星，我还是得回中国去。"

时机确已成熟。不久后，时任中国科学院遥感应用研究所所长、"布鞋院士"李小文告诉顾行发，我国要筹建国家航天局航天遥感论证中心，邀请他回来参与工作。

回国后，顾行发牵头组建了中国遥感应用"三大机构"——国家航天局航天遥感论证中心、遥感卫星应用国家工程实验室和国家环境保护卫星遥感重点实验室。也因他的努力，世界遥感大会有了中国会场。"在国际上发出中国的声音很重要。"顾行发说，"美国人经常讲'基于规则的国际秩序'，这里面就有两个问题：一是谁来制定规则，二是为谁制定规则。我想，第二点更为重要。我们希望能为多数人、为长期发展制定规则，那么我们就得靠实力发出自己的声音、参与规则的制定。"

遗憾与幸运

工作之外，顾行发的物质欲望很低，甚至觉得人只要吃得饱、穿得暖、睡得着就行。对于"钱重要吗"这个问题，顾行发的回答十分坦率："钱为什么不重要？钱对大家都很重要。但有了一点儿钱之后，钱便不是最重要的。"

他小时候尝过贫苦的滋味。父亲一个月挣30多块钱，得养活5个孩子。为了补贴家用，不识字的母亲四处给人做饭、扛包。家里盖房子用不起瓦片，只能用油毡和干草，一下雨房子就四处漏水。家里也买不起表，想知道时间，他得跑到邻居家去问。

但就是在这种情况下，父亲还花钱给家里订了两份报纸，一份是《参考消息》，一份是《解放日报》。这在很大程度上塑造了顾行发后来的金钱观：人需要钱，以满足基本的物质生活需求；但人不能只追求钱，精神生活的丰富、人生价值的实现同样重要。

昔日吃过的苦、遇过的坎，如今顾行发都能笑着说出来。唯独聊到家人时，他的情绪瞬间低落下来。他说："每个人都应当做到爱国、爱乡、爱家人。在最后一点上，我做得不够。"因为工作太忙，顾行发陪伴家人的时间很少，"对小女儿感到很愧疚，现在经常一个月都陪不了她和妻子一起吃顿饭……"讲到这里，顾行发有些哽咽，流露出一位普通父亲的柔软。

对家人的亏欠，是顾行发藏在心底的遗憾。但当别人问他是否后悔时，他的答案永远是"不"。"目前，我国有300多颗遥感卫星，这个数量相当于全世界除美国之外所有国家遥感卫星的总和。论载荷的数量，也就是遥感卫星上相机的数量，我国已经是世界第一。能赶上国家快速发展的时代，参与其中并发挥一定的作用，这是我人生极大的幸运。"

在这个过程中，他获得过很多荣誉。2012年，因为在我国卫星定标工作中的贡献，他获得国家科学技术进步奖二等奖。4年后，因为遥感卫星关键技术及应用的研究，他又一次获得国家科学技术进步奖二等奖。加上1990年那一回，他一共拿了3次国家级大奖。

光环之下，顾行发依旧冷静。"科学家精神，关键就是4个字：求真务实。"

未来，科技发展需要多领域新兴技术的融合创新，更离不开源源不断的"新鲜血液"。顾行发深知这一点，所以多年前就开始给家乡的学校捐款，设立专项基金，邀请困难家庭的孩子来北京游学。"这将激发孩子们对科学、对祖国的热爱，或许还能让他们在外部世界找到一些心之所向的东西，埋下梦想的种子，这很重要。"谁知道那群孩子里，会不会就藏着下一位改变世界的科学家呢？

中国的"万婴之母"——林巧稚

鹿 溪

在中国近现代医学史上，有一位被誉为"万婴之母"的女性，她的名字深深镌刻在了无数新生儿的生命起点上。这位传奇人物就是林巧稚，一位为妇产科医疗事业奉献了一生的伟大医生。钟南山院士称她为姑婆，袁隆平院士就是由她亲手接生来到这个人世上的，她是将剖官产引进中国的第一人。她的故事充满了爱与无私奉献，激励着无数后来人。

1901 年，林巧稚出生在厦门鼓浪屿这个美丽的地方。她的童年，却因母亲的病痛而蒙上了一层阴影。在她 5 岁时，母亲患上了宫颈癌，生命垂危。年幼的林巧稚看着痛苦的母亲，心中充满了无助。她拉住医生的衣角，苦苦哀求医生救救自己的母亲。然而，尽管医生尽了最大的努力，母亲还是离开了人世。从此，林巧稚便立志要成为一名医生，她心中暗暗发誓：不为良相，便为良医。

长大后，为了实现自己的医生梦，她努力学习，终于有机会去上海参加协和医院的考试。考试的最后一科是英文，这对考生的英文水平要求极高。当她刚开始答题时，旁边的一名女生突然晕倒了。林巧稚没有丝毫犹豫，果断地放弃了考试，立即去救助这名女生。等她把女生救治好后，考试已经结束了。

她没有任何解释和抱怨，平静地回到了鼓浪屿，打算第二年再考。幸运的是，监考老师把她救人的过程写给了协和医院。协和医院看到她前面几科成绩优异，被她的善良和无私打动，破格录取了她。后来，林巧稚成为北京协和医院的第一位女性毕业生，并且是该校第一位中国籍的女住院医师。

1939 年，林巧稚被协和医院派往美国，进修胎儿生理领域的相关知识。在美国期间，她获得了当地医学界的高度认可，并且享有很好的研究条件和生活待遇。然而，面对美国的挽留，林巧稚断然拒绝了。她说："我来到这里是为了学成归国，为中国的妇女和孩子做贡献。"

1940 年，北平沦陷，战火纷飞，整个城市陷入了一片混乱和危险之中。协和医院被迫关闭，很多人都劝林巧稚赶快离开这个危险的地方，去寻找一个更安全的避难所。但是，林巧稚却坚定地说："我不走，我的病人还在这里呢，我怎么能够走呢？"她不顾个人安危，在北平的胡同里开办了一家妇科诊所，继续为同胞们看病，救死扶伤。在那艰难的 6 年里，她留下了 8888 份病例档案。在枪林弹雨的环境下，她穿梭于各个贫穷百姓的家中，为他们看病治病。

她给穷人看病时，从不收取任何费用。有一次，她看完病回家，在胡同里遇到一位身材高大的男子。这位男子焦急地抱住她的腿，哀求她去救救自己难产的老婆。林巧稚二话不说，连家门都没进，就急忙跟着男子赶到他家。她看到难产的产妇后，凭借着娴熟的医术，迅速将胎位扶正，成功地接生出了孩子。当她环顾这个一贫如洗的家时，心中充满了同情。她打开药箱，把里面所有的钱都交给了产妇，希望她能给自己和孩子买点吃的，调养好身体。林巧稚对待病人一视同仁，无论病人是贫穷还是富贵，她都只关心他们的病情，给予他们最真诚的关怀和帮助。

中华人民共和国成立前夕，林巧稚面对家人建议她留在美国的提议，再一次坚定地选择了回到祖国。她坚信："我是中国的医生，我的事业和祖国息息相关。"这种爱国精神和责任感贯穿了她的一生。

林巧稚一生未婚未育，却被尊称为"万婴之母"。在 20 世纪五六十年代，她发现人们对妇女和儿童的卫生条件普遍不够重视，医疗条件也不发达，妇女在生产过程中的死亡率极高。林巧稚深知这些问题的严重性，为了降低产妇死亡率，她决定编写一些科普读物，让普通老百姓也能了解一些基本的卫生常识。她花费了大量的时间和精力，主编了多本通俗易懂的科普读物，这些读物在广大妇女儿童中广泛传播，为提高妇女儿童的卫生意识做出了重要贡献。1962 年，她查遍国外最新的医学信息，创造出用脐静脉换血的方法治疗新生儿溶血病，填补了中国妇产科医学的空白，大大提高了新生儿的存活率。

为了实现自己在医学上的追求，为了造福更多的孩子和他们的母亲，她选择将自己"嫁"给所热爱的妇科医疗事业。她虽然没有自己的孩子，但她一生接生了五万多名婴孩。每一名由她亲手接生的孩子的出生证上，都会写上她的英文签名"Lin Qiaozhi's Baby"。许多父母给孩子起名为"念林""怀林""敬林"，以表达对她的敬爱和纪念。她曾说，她最爱听的声音就是婴儿出生后的第一声啼哭声。即使在她去世的前一天，她还接生了六名新生婴儿。

1983 年 4 月，林巧稚病逝，终年 82 岁。根据她的遗嘱，她将一生的三万多元积蓄全部捐献给了首都医院、幼儿园和托儿所，并且将遗体捐给了医院，用于医学解剖。

林巧稚将全部的精力都投入医学事业和对病人的关爱中。她的一生是"医者仁心"的真实写照。她不仅在医学领域取得了卓越的成就，更以高尚的医德和无私的奉献精神赢得了无数人的尊敬，激励着无数医务工作者。

作家冰心在悼念林巧稚的文章中曾写道："她是一团火焰，一块磁石。她为人民服务的一生，是极其丰满充实的。"这简短的一句话，正是对林巧稚一生的最好诠释。

"肝胆相照"济苍生——吴孟超

不 一

96 岁，在你看来意味着什么？白发苍苍，步履蹒跚；赋闲在家，颐养天年？含饴弄孙，买菜做饭；打打麻将，晒晒太阳？

然而，96 岁的吴孟超却仍然穿着他的工作服，每天早晨 7 点吃完饭去上班，到医院查房或去看门诊；每周仍然坚持做 3 台以上的手术，而且都是难度极高的手术。

一

吴孟超是谁？也许你对这个名字并不熟悉，但在医学领域，尤其是肝胆外科领域，他是不折不扣的泰斗级人物。

他带领同伴完成了我国第一例肝脏外科手术，为我国开创肝胆外科奠定了基础，使我国肝癌手术成功率从不到 50% 提高到 90% 以上，吴孟超因此被誉为"中国肝胆外科之父"。

他在国内首创常温下间歇肝门阻断切肝法和常温下无血切肝法，他完成了世界上第一例中肝叶切除手术，也切除了迄今为止世界上最大的肝海绵状血管瘤，还完成了世界上第一例在腹腔镜下直接摘除肝脏肿瘤的手术……

他主导建立了世界上规模最大的肝胆疾病诊疗中心和科研基地，建立了世界上最大的肝癌病理标本库，培养了许多肝胆外科领域的优秀人才。

75 年的从医生涯里，他拯救了超过 1.6 万名患者的生命。

"如果有一天我要倒下去，就让我倒在手术室吧，这是我一生最大的幸福。" 96 岁的吴孟超这样说道。他用自己的一生践行着身为医生的责任与坚守。

二

因为家境贫穷，在吴孟超很小的时候，一家人就前往马来西亚谋生计，后来家中虽算不上大富大贵，但至少衣食无忧。他本可以跟随父亲一起做橡胶生意，过上不错的生活，但他却在中学毕业之后，毅然选择回国，决心为饱受战乱的祖国做点什么。

18 岁，吴孟超告别父母，独自回到中国。没想到，这一别竟是和父母的永别。

回到中国后，吴孟超凭借自己的努力考入同济大学医学院。在战火纷飞的年代，吴孟超步入行医的行列，希望能够凭自己的努力去医治那些受伤的同胞。在同济医学院，吴孟超认识了他的恩师——医学泰斗裘法祖。裘法祖曾说过："德不近佛者，不可以为医；才不近仙者，不可以为医。"而这份信念也深深贯穿了吴孟超的一生。

依然是按照裘法祖的建议，吴孟超正式走进肝胆外科领域。

"一天，裘教授对我说：'我国是个肝病大国，但肝胆外科比较薄弱，你应该朝这个方向发展。'正是听了裘教授的话，我才决定向肝胆外科进军，一直干到今天。"

中国是肝癌高发国家，但那个时候的中国，肝脏手术被视为生命禁区。

因为手术成功率几乎为零，所以一个患者被确诊得了肝病，几乎就等同于宣告死亡。

关于肝脏外科，当时国内没有任何可供参考的案例，就连图书馆的资料也只是记载些零星的基础知识。吴孟超跑遍了上海大大小小的书店和图书馆，才终于找到一本英文版的《肝胆外科入门》，后来他和同事将这本书翻译成中文并出版，这也成为中国第一本肝脏外科方面的专著。

虽说是入门，但里面很多地方吴孟超都不能理解。然而他并没有就此放弃，而是从基础开始，一步步深入。从入门到精通，这中间经历的辛苦磨难可想而知，但他就是铆足了劲向前冲，坚决不认输。

三

1960 年，吴孟超主刀，成功完成中国第一例肝脏外科手术。此后，他更是不断突破，带领同伴克服了一个又一个肝脏外科领域的难题，拯救了一个又一个鲜活的生命。

他曾在手术台前站了整整 12 个小时，为一个男子切除了长达 63 厘米的巨大肿瘤，将一个不治之症的患者从死亡边缘拉了回来。

他也曾用了 5 个小时，为一名 4 个月大的女婴摘除了体内的肿瘤。婴儿的器官稚嫩，手术途中根本不知道会发生什么。面对这样的高风险，吴孟超毅然拿起手术刀，要为这个孩子与死神搏一搏……当年那个 4 个月大的婴儿，如今已经成为一名优秀的护士。

一个妇女肝右叶癌肿破裂出血，医生断言："晚期恶性肿瘤，无药可治。"后来她辗转找到吴孟超，吴孟超先后为她做了 5 次手术，让本已被宣判死刑的她又活了 5 年多。

吴孟超 82 岁那年，一个女孩被诊断为肝脏肿瘤，要做肝移植。换肝需要很多钱，女孩没办法，绝望之下找到吴孟超。吴孟超在手术台前站了 10 个小时，为她切除了比篮球还大的肿瘤，换来女孩的新生。

因为在肝脏外科领域的突出成就，吴孟超已是名利双收。他完全可以拒绝这些已被宣告"不治"的患者，因为手术风险太大、难度太高，没有人会提出反对意见；如果他决定做这些手术，一旦失败，将名誉扫地。然而对此，吴孟超的回答却轻描淡写："名誉算什么，治病救人是我的天职。"

吴孟超 94 岁那年，一个内蒙古小女孩因病情过于复杂，当地医院无法进行手术，让女孩的妈妈去上海找吴孟超或者吴孟超的学生。在详细了解病情后，吴孟超决定亲自给女孩做手术，他说："我是一个医生。"

"救治病人如果怕担风险，前怕狼后怕虎，那么禁区永远是禁区，病人只能在医生的摇头和沉默中抱憾离开人世。"吴孟超说。

四

因为长时间手术，他的脚趾已经不能正常并拢，右手食指已经严重变形。平时签字，他的手会微微颤抖，但一拿起手术刀却稳得仿佛换了个人一样。

吴孟超身边的护士长说："吴老的手就像长了眼睛一样，满腹腔都是血，但只要他的手伸进去一摸，将这根血管一掐，血就止住了。"

虽然已是肝脏外科的顶级专家，吴孟超却没有丝毫的架子。他常说："医生，就要为病人服务，一切从患者出发。"

每次看望患者，他总是先把双手搓热，然后才跟患者接触；每次检查，他都主动拉上屏风，检查完还会帮患者掖好被角……

汶川大地震发生后，87 岁高龄的吴孟超要求带医疗队奔赴一线。因年事已高，组织上没有批准，他就通过网络视频会诊，为抗灾前线服务，还以"吴孟超医学科技基金会"的名义，向灾区捐献了价值 500 万元的急救药品。

吴孟超深知，对很多人来说，就医费用高昂，所以他总是想办法为病人节省开支。如果病人带来的片子已经能够诊断清楚，绝不会让他做第二次检查；如果B超能够解决问题，绝不建议病人做费用更高的CT或核磁共振；给病人开药，在确保诊疗效果的前提下，尽量用便宜的药。

2005年，吴孟超获得国家最高科学技术奖，上级派人来考核，那天的手术需要取消。但吴孟超坚决不肯推迟手术，因为接受手术的是一名贫穷的农民，多住一天，对他来说都是负担。

2017年春节前夕，本该回家团圆的日子，吴孟超却坚持为患者手术。"今天手术后，这个姑娘大概可以在元宵节前回家。能多让一位病人回家过年，就是医生的'万事如意'。"

吴孟超说："一个好医生，应该眼里看的是病，心里想的是病人。我就想当这样的好医生。"

五

拿起手术刀就意味着有风险，这么大年纪，在家歇着不好吗？吴孟超却坚持握着手术刀。在他看来，救治病人是终生的追求，也是为了培养更多的学生。

可以说，中国肝胆外科目前的中坚力量，80%都是吴孟超的学生，学生的学生和第三代、第四代学生。

"我现在90多岁了，攻克肝癌，在我这辈子大概还实现不了，所以我需要培养更多人才，把这个平台铺好，让后来的人继续往前走。"

与吴孟超合作多年的护士长在写给吴孟超的信中说："认识您30多年了，在很多人看来，您是个传奇，但只有我看到过，手术后靠在椅子上的您，胸前的手术衣都湿透了。两只胳膊支在扶手上，掌心向上的双手在微微颤抖。""您说：'力气越来越少了，如果哪一天我真的在手术室里倒下了……你知道我是爱干净的，记住给我擦干净，不要让别人看见我一脸汗的样子。'"

对于获得的种种荣誉，吴孟超表示：自己不过是个普通的外科医生。而"医者仁心"，从来不是说说而已。

一株小草拯救亿万人——屠呦呦

木松树

中国有这么一位女性，凭借一株小草拯救全球亿万人的性命，却尘封在历史里长达 40 年之久无人知晓，她就是中国首位诺贝尔生理学或医学奖获得者，疟疾克星——屠呦呦。

疟疾是极为凶险、致死率极高的传染病。它通过蚊子叮咬，把疟原虫带入人体，在短时间之内，被感染者会发冷发热，经受极大的折磨，如果没有及时得到有效治疗，就会引发脑死亡。

在非洲，引发死亡的疾病中，疟疾排在埃博拉病毒和马尔堡病毒之后。它也是历史上全世界致死人数最多的十大传染病之一，与之并列的有黑死病、艾滋病、结核病等。可见，疟疾有多可怕。

以前治疗疟疾，使用的是奎宁，又叫金鸡纳霜。到了 20 世纪 60 年代，疟原虫已对其产生了抗药性，疟疾患者又面临无药可救的局面。就在此时，中国药学家屠呦呦扭转了这种局面，她发现了治疗疟疾的新方法，其药品拯救了全球亿万疟疾患者的生命。

而屠呦呦是怎样发现"青蒿素"，中间又有着怎样的传奇经历呢？

1930 年，屠呦呦出生在浙江省宁波市的一个书香世家，她的父亲从《诗经·小雅·鹿鸣》里挑选了"呦呦"二字给女儿起名。"呦呦鹿鸣，食野之蒿。我有嘉宾，德音孔昭。"万万没想到的是，她的父亲已经将女儿的命运藏在这首诗里。她的女儿将会与"青蒿"这种小草纠缠一生。

少年时的屠呦呦身体并不好，因患肺结核一直在转学与求学中辗转。或许就是因为这种常年患病、长期服药的艰辛，屠呦呦对药理产生了浓厚的兴趣。1951年，她考进了北京大学医学院，在学习的过程中接触到大量的中医药知识，从而与中医学结下了"缘分"。

由于当时奎宁类药物的失效，人类面临疟疾的侵害。1967年，国家成立了国家疟疾防治项目"523"办公室，共有60多家科技单位的科研团队参加。在经过两年研究无果后，1969年，国家决定让中医研究院也参与进来，而时任中医院研究院副研究员的屠呦呦就在其中，担任中药抗疟组组长。

当时的屠呦呦已经39岁了，在中药研究所也干了近14年，虽然其间也获得过成绩，比如：1956年在防治血吸虫病时对有效药物半边莲进行了研究，还有后来比较复杂的中药银柴胡活的生药学研究。但是这些成果，距离成为科研巨匠仍有距离。能进入"523"既是机缘巧合，也是冥冥之中早有预示。

屠呦呦在当时没人、没钱、没资源的条件下，采用了老办法，整理查阅历代医书，又向民间各位老中医专家请教，收集了超过2000副与治疗疟疾有关的药方。她甚至远赴正在暴发疟疾的海南岛，走访与检查各种不同的病人，最终集成有640张中药方子的《疟疾单秘验方集》。

可是，接下来的研究并不顺利，屠呦呦把药方都试遍了，包括各种可能性治疗，但都没有任何进展。就这样到了1971年，研究停滞不前。屠呦呦在百般无奈之下，重新投身到古典药书中。

就在黑暗中，屠呦呦终于看到了一丝光明。东晋药学家葛洪的《肘后备急方》里记载着一行字："青蒿一握，以水二升渍，绞取汁，尽服之。"这引起了屠呦呦的注意。她开始重点以青蒿作为原料进行研究，希望能够发现治疗疟疾的方法。但多次试验都以失败告终。

此时，屠呦呦思考："古人为何将青蒿绞取汁，而不用传统的水煎熬煮中药之法？"难道问题就出在这提取的办法？高温的提取会破坏青蒿的活性成分。接着，屠呦呦决定以沸点只有34.6℃的乙醚来提取青蒿。经过数百次的提取实验，屠呦呦最终在1972年提炼出抗疟疾的有效成分——青蒿素。

屠呦呦在报告中清楚地写着：实验室的结果，青蒿素达到对鼠疟原虫100%的抑制率。但这个"100%"的代价，就是小组所有科研成员头昏目胀、皮肤过敏，屠呦呦更是患上中毒性肝炎，必须住院治疗。因为乙醚是具有毒性的，鉴于当时医疗条件简陋，只能通过老办法来提取。团队找来了7口大水缸作为青蒿的提纯容器，里面装满乙醚，再把青蒿浸泡后提取样品。在这种没有防护的条件下，几乎所有小组成员都中毒患病。

更让人没想到的是，为了试验青蒿素的人体受药情况，屠呦呦与其他两名科研人员自愿以身试药，成为首批试药者。作为研究者，屠呦呦对自己的医学成果非常有信心，敢于用命去博这一场胜负。最终，屠呦呦赌赢了，她提取的青蒿素没有显示出任何对人体的毒副作用，可以进行更大规模的临床试验。

从1972年发现青蒿素，到1981年发表报告，再到后来双氢青蒿素、复方蒿甲醚、双氢青蒿素哌喹片等药物升级，直到成为享誉全球的"中国神药"，屠呦呦一生与青蒿相伴，也以青蒿救天下。由于青蒿素的发现，在2020年，我国就实现了消除疟疾的目标。2021年6月30日，世界卫生组织宣布：中国获得无疟疾认证。中国的疟疾感染人数，从1940年的超过3000万到2020年彻底归零。

青蒿素的衍生药品已经被国际认定为当前最有效、无并发症的疟疾用药。它已在全世界范围内治疗了超过2亿人，拯救了数百万临危的生命。2015年，屠呦呦荣获诺贝尔生理学或医学奖，也成为中国首位获得诺贝尔奖的女科学家。当她站上领奖台时，她真诚地说："这并不是我一个人的荣誉，它属于研究团队中的每一个人，属于中国科学家群体。"

至于那300万奖金，屠呦呦将其分成三份：一份捐给母校，设立基金；一份捐给中国中医科学院，用于鼓励年轻科研者；最后一份提供给科研团队，继续巩固深挖抗疟成果。屠呦呦把她获得的所有荣耀都给到团队，回报给祖国和人民。

在诺贝尔奖的领奖台上，屠呦呦自豪地说："中医药从神农尝百草开始，在几千年的发展中，积累了大量临床经验。通过继承发扬和发掘提高，一定会有所发现、有所创新，从而造福人类。青蒿素的发现，是中国传统医学给世界的'礼物'。"

这位60多年致力于医学研究实践，为中医药科技创新和人类健康事业做出巨大贡献的中国女性，值得我们致敬！

出了"洋相"，赢了掌声——王志珍

周秋兰

一个简单而尴尬的瞬间，竟聚集了一个时代的风骨和精神。2023 年 12 月，撒贝宁在节目中采访一位八十多岁的院士时，发现舞台上有许多黑色的渣渣。撒贝宁下意识弯腰捡起，才发现这些渣渣是从那位老人鞋底掉下来的。这位老人的双脚在镜头前尴尬地扭动着，笑着自嘲道："哎呀，我又出洋相了。"这一幕让观众无比惊叹和感动，而王志珍——这位"鞋底掉渣"的院士，以其生活的简朴，瞬间走入了人们的心中。

王志珍，1942 年出生于上海，小时候的她与普通的乡村女孩并无不同。她在父母的教导下成长，刻苦读书，成绩优异，有强烈的求知欲和聪明才智。她还通过了一级体操运动员的考核，童年充满了灵动与活力。然而，真正让她的名字被人熟知的，是她对理科的强烈兴趣。

1959 年，年仅 17 岁的王志珍考入了中国科技大学生物物理系，这所年轻的大学会聚了一代大师——钱学森、华罗庚、郭永怀，她幸运地成为这些顶尖学者的学生。这些优秀的老师不仅向学生传授知识，更传递给他们一种对科学的热情与责任感。对王志珍来说，这些课堂不仅是学习的场所，更是梦想的起点。

在大学期间，王志珍刻苦学习，努力掌握生命科学的基础知识。她深知，只有打下坚实的基础，才能在未来的科研道路上走得更远。那个时代的中国科研条件十分艰苦，但王志珍并没有被困难吓倒，她凭借着顽强的毅力和对科学的执着追求，在简陋的实验室里进行着艰苦的探索。

由于中国当时没有冷冻干燥仪，王志珍和同事们用"土法"自制冷冻干燥仪器。仪器由一个密封玻璃瓶加上一个抽真空的泵组成，玻璃质量不好，抽真空时压力不均匀，容易爆炸。有一次，她外出回来后发现满屋子都是仪器爆炸后的玻璃片，放在不远处的衣服被磷酸烧得千疮百孔，但他们没有停止实验，只是在玻璃瓶外面套一个铁丝框，继续做实验。

1979年，中国刚刚改革开放，王志珍成为第一批公派出国的访问学者之一。当时她是这批学者中唯一的女性，前往德国羊毛研究所从事胰岛素方向的研究。德国羊毛研究所是当时世界上成功合成胰岛素的三个实验室之一。作为女性，独自一人远赴德国，这对她来说既是机会也是挑战。在德国研习期间，她废寝忘食地泡在实验室里工作，与领域内的专家切磋，学习最新的研究方法。

1981年，她前往美国继续深造。在那里，她接触到了更多胰岛素研究的前沿成果，她在胰岛素方面的研究也已初露锋芒。虽然当时国外的待遇优厚，实验设备先进，但王志珍没有选择留在国外，而是毅然回到了祖国的怀抱，深入研究折叠酶和分子伴侣。

回国后的王志珍加入了邹承鲁教授的实验室，参与胰岛素的课题研究。1993年，王志珍提出了一个创新性的假说"蛋白质二硫键异构酶（PDI）既是酶，又是分子伴侣"，并由此补充了大量的实验方法和数据。这一结论颠覆了当时国际学术界的权威观点，引发了巨大的轰动。在学术界，取代前人的理论需要巨大的勇气和长久的坚持，而王志珍的结论不仅为新理论铺平了道路，也为神经退行、心血管疾病、肿瘤等疾病研究奠定了基础。

此后的三十多年，她一直致力于研究 PDI，探索其在多种疾病中的影响。像神经退行性疾病、心血管疾病，还有衰老肿瘤等，这些不同的生命活动当中都能够看到这个酶在发挥作用。如果把这个酶抑制了，可能肿瘤就不发生了，或者人就可以延缓衰老、延长寿命。如今王志珍已经八十多岁，依然坚守在科研一线进行研究。

王志珍院士的科研成就获得了广泛的认可，2001 年她当选为中国科学院院士，2005 年当选为发展中国家科学院院士。她的研究成果为中国的科技进步做出了重要贡献，在国内外产生了深远的影响。

除了在科研方面取得卓越成就外，王志珍还积极关注女性科技人才的培养和发展。她认为，女性在智力方面与男性没有差别，科研领域需要更多女性人才。她呼吁为女性参与科技创新营造良好的社会氛围，让女性在同等条件下受到平等对待。她的观点得到了广泛的关注和支持，为推动中国女性科技人才的成长发挥了积极作用。

人们对科学家的印象总是被打上光环，认为他们的生活充满了科技感和神秘色彩。然而，王志珍的生活却简单得令人动容。她在实验室里穿的还是几十年前的布鞋，鞋底的橡胶老化，稍不注意便掉渣；她的衣服也朴素简单，从不在外表上追求奢华。

鞋底掉渣是尴尬的，但这件尴尬的事，却映射出王志珍这位科学家的伟大——她的伟大不仅在于她取得了许多成就，更在于她如何将自己的一生毫无保留地奉献给她所热爱的事业。她的精神将会激励无数后来者，为科学、为国家不断前行。

大国工匠，天堑变通途——林鸣

木 蹊

港珠澳大桥正式通车运营了，这座大桥跨越伶仃洋，东接香港，西接珠海和澳门，总长约55公里，集桥、岛、隧于一体，被国外媒体誉为"新世界七大奇迹"之一。

天降大任，负重前行

2018年10月23日的伶仃洋上，从太平洋灌入人工岛的海风，也吹不散建设者的自豪、喜悦。至此，港珠东西，长虹卧波；天堑南北，通途无阻。这个超级工程堪称世界桥梁建筑史上的巅峰之作。在此之前，谁能想到，人类建设史上迄今为止里程最长、投资最多、施工难度最大、设计使用寿命最长的跨海公路桥梁，会诞生在中国？

时间拨回到2005年。那一年，建设港珠澳大桥的计划刚刚被提出，现实情况是，在沉管隧道领域，中国的技术还无法达到国际水平。在此情况下，国外媒体都特别关注港珠澳大桥，其实就是因为一个字：难。工程体量之巨大，建设条件之复杂，是以往世界同类工程都没有遇到的。

可这个重担，偏偏就落在工程师林鸣身上。

要建造港珠澳大桥，必须突破三个难点：一、港珠澳大桥需要建造一个外海沉管隧道，但在建港珠澳大桥之前，全中国的沉管隧道工程加起来不到 4 公里。二、这是我国第一次在外海环境下建沉管隧道，可以说是从零开始，从零跨越。三、技术力量不够，钱也不够。

作为建造了中国第一大跨径悬索桥润扬长江公路大桥的负责人，林鸣一宿未眠，坐待天明。

每一步，都是第一步

为了准备这个工程，2007 年，林鸣带着工程师们去全球各地考察桥隧工程。当时世界上超过 3 公里的海底隧道，有欧洲的厄勒海峡大桥海底隧道，还有韩国釜山巨加跨海大桥的海底隧道部分。

巨加跨海大桥由韩国一家非常厉害的公司主持，但安装的部分却全靠欧洲人提供支持。每一节沉管安装的时候，会有 56 位荷兰专家从阿姆斯特丹飞到釜山给他们安装。

林鸣带着团队来到釜山时，向接待方诚恳地提出，能不能到附近去看一看他们的装备，却被对方拒绝了。

从釜山回来后，林鸣下定决心，港珠澳大桥一定要找到世界上最好的、有外海沉管安装经验的公司来合作。

于是，他们找了当时世界上最好的一家荷兰公司谈合作。对方开出了天价：1.5 亿欧元！当时约合人民币 15 亿元。

谈判过程异常艰难，最后一次谈判时，林鸣妥协说："人民币 3 亿元，一个框架，能不能提供给我们最重要的、风险最大的这部分支持？"

但是，荷兰人戏谑地笑了笑，说："我们为你们唱一首歌，祈望你们的成功！"

跟荷兰方面谈崩之后，林鸣和他的团队就只剩下最后一条路可以走：自主攻关！

难以承受国外高额的技术咨询费用，而世界上其他国家的沉管隧道技术，也无法在港珠澳大桥上照搬套用。林鸣没有绕开这些问题，他坚信：只有走自我研发之路，才能掌握核心技术，攻克这一世界级难题。

可在几乎空白的基础上进行自主研发，林鸣和他的团队面对的是常人难以想象的困难：他们需要将33节，每节重8万吨、长180米、宽38米、高11.4米的钢筋混凝土管，在伶仃洋水下50米深处，加上东西岛头预设段，安装成长达6.7公里的海底通道。

没有经验，不被看好，外国人都在关注，中国工程师到底行不行？

当然行！2013年5月1日，历经96个小时的连续鏖战，海底隧道的第一节沉管被成功安装。这是不平凡的96个小时，仿佛一个从来没有人教过，也从来没有驾驶经验的新手司机，要把一辆大货车开上北京的三环。

林鸣和他的团队在海上连续奋战，5天4夜没合眼。终于，海底隧道的第一节沉管被成功安装！

然而，第一节的成功并不意味着后面32节的安装都可以简单复制——严苛的外海环境和地质条件，使得施工风险不可预知。

每一次安装前，林鸣离开房间的时候，都会回头再看看那个房间。因为每一次出发，都可能是自己的最后一次出发。

死神对林鸣的第15个"孩子"——E15——发出了通告。在安装第15节沉管时，他们碰到了最恶劣的海况——海浪有一米多高，工人都被海浪推倒在沉管顶上。

尽管如此，工人还是护送沉管毫发无损地回到坞内。当时起重班长说："回家了，回家了，终于回家了。"命是捡回来了，可E15的安装计划却就此搁浅。

第二次安装是在 2015 年的大年初六，为了准备这次安装，几百个人的团队春节期间一天也没休息。但是当大家再一次出发，现场出现回淤，船队只能再一次回撤。

林鸣当时压力很大，只装了 15 个沉管，还有 18 个沉管要装，这样下去，这个工程还能完工吗？拖回沉管之后，许多人都哭了。

10 年来，几乎每到关键和危险的时刻，林鸣都会像"钉子"一样，几个小时、十几个小时、几十个小时地"钉"在工地。只有体型的变化暴露了一切：他瘦了整整 40 斤。

2017 年 5 月 2 日早晨日出时分，最后一节沉管的安装终于完成了，船上一片欢呼。世界最大的沉管隧道——港珠澳大桥沉管隧道——顺利合龙。

中国乃至世界各大媒体，都在为这项超级工程的完美竣工欢呼。此时的林鸣，却在焦急地等待最后的偏差测量结果。

偏差 16 厘米，就水密性而言已算是成功。而中国的设计师、工程师，包括瑞士、荷兰的顾问……大多数人都认为滴水不漏，没问题。

但林鸣说："不行，重来！"

茫茫大海，暗流汹涌，把一个已经固定在深海基槽内、重达 6000 多吨的大家伙重新吊起，重新对接，一旦出现差错，后果将不堪设想。

"算了吧。""还是算了吧！"几乎所有人都想说服林鸣罢手。

这时，林鸣内心出现一个声音：如果不调整，会是自己职业生涯和人生里一个永远的偏差。

他把已经买了机票准备回家的外方工程师又"抓"了回来。经过 42 个小时的重新精调，偏差从 16 厘米降到了不到 2.5 毫米！那一夜，他终于睡了 10 年来的第一个安稳觉。

大国工匠

清晨 5 时许，林鸣又开始了自己风雨无阻的长跑。

从港珠澳大桥岛隧工程项目营地出发，途经淇澳大桥，最后到达伶仃洋上的淇澳岛，来回 10 多公里。

在近 40 年的职业生涯里，林鸣走遍大江南北，架起了众多桥梁。但对他来说，珠海有着特殊的意义。

读大学前，林鸣当过 3 年农民、4 年工人，曾经到工厂做学徒，拿着锉刀或者锯条，练习锉、锯、凿、刨等基本功，学当铆工和起重工。后来，才到西安交通大学接受了为期半年的技术培训。

在同行看来，他的动手能力无人能出其右。在工地上，他可以拿着榔头、扳手等工具给数以千计的工人一个个讲原理、讲方法。

桥的价值在于承载，而人的价值在于担当。

10 多年的时间，林鸣走完了港珠澳大桥这一世界最长、难度最大的"钢丝"。向他迎面而来的是"最美工程""最美隧道"的赞誉。在他看来，高品质的工程不是做给别人看的，越是普通人看不到的地方，越要做好。

这个"最美"，不仅仅是自娱自乐、自我陶醉，还要有益于他人，并得到社会认可。2010 年，大桥下的白海豚大概有 1200 头。2018 年是多少呢？2600 头，翻了一倍多。

蓝天为卷，碧海为诗；深海白豚，踏浪伶仃。2018 年 10 月 23 日的港珠澳大桥上，林鸣又完成了一次长跑。

叁

不问终点，
全力以赴

坚持，就是任何事乘以365——叶乔波

叶小新

你能想象膝关节里游离着8块碎骨，仍然在激烈的奥运赛场上角逐奖牌的疼痛吗？在冬奥会的历史上，有这样一位运动员，她就拖着这样的伤腿，为中国夺得了速滑1000米铜牌，震撼了无数国人。此前的第16届冬奥会上，也是她，一举摘得两枚银牌，打破了冬奥会中国零奖牌的纪录。她就是叶乔波，她不畏伤病、努力拼搏的精神被称为"乔波精神"，鼓舞了一代又一代逐梦前行的中国人。

寄情冰雪：一双冰刀"闯关东"

叶乔波从小就跑得快，展现出惊人的运动天赋。好动的她，总是吸引着人们的目光。叶乔波的父母为此很欣慰，有意培养她这方面的才能，便将她送到了长春市业余体校。叶乔波在田径场的跑步姿势，总和别人有些不同。老师觉得这姿势不像跑步，倒像滑冰。就这样，在老师的点拨下，10岁的叶乔波开始练滑冰，练了一个月，打破了长春市儿童组的纪录；一年后，包揽了吉林省儿童组比赛3项第一名；12岁被特招入伍，进入八一速滑队。

当时的训练条件艰苦，放眼全国也没有一个像样的可供运动员训练并备

战的冰雪场地，更不用提专业的速滑场地了。因此，教练们常常带着运动员们"逐冰而行"，到黑河、嫩江、海拉尔、齐齐哈尔等地的湖面或江面训练。为了延长训练期，冰刚刚冻上薄薄的一层，他们就开始上冰训练了，因此所有教练都是腰上系一根麻绳，手里拿一根棍子，准备随时去营救掉到冰窟里的运动员。叶乔波是队里年龄最小的一个，但她给自己制定了更为严苛的标准，"别人做一百次，我就做两百次，当老师说做五百次的时候，我一定要做一千次"。她坚信，只要比别人练得多，只要比别人练得苦，就能拿到好成绩。

在日复一日的刻苦训练下，18岁的叶乔波在全国速滑锦标赛上获得2枚金牌、2枚银牌、1枚铜牌，多次打破全国纪录；1985年入选国家集训队；1991年，获得世锦赛500米冠军。迎战冬奥会前，她已取得出色的成绩，距离她心中的那个梦越来越近……

傲立冰雪：两次征战冬奥会

1992年的法国阿尔贝维尔冬奥会，叶乔波状态神勇，如愿进入500米和1000米速滑决赛。500米决赛时，她被安排在外道，出第一个弯道的时候，她和同组的选手拉齐了。按照比赛规则，这位选手应该在出弯道后的换道区给叶乔波让道，但这位选手并没有让道，导致她俩身体发生了碰撞，最终叶乔波以0.18秒之差屈居亚军。更为可惜的是，这场比赛其实是可以重滑的，取两次比赛的最好名次，然而由于当时在场的人并不了解规则，担心重滑后反倒丢掉已经到手的银牌，就放弃了申诉。之后的1000米决赛，更是充满遗憾，叶乔波仅仅落后0.02秒而成了第二名。

尽管如此，叶乔波的这两枚银牌对于中国来说仍然意义非凡。那枚速滑500米银牌是中国自1980年首次出征冬奥会以来获得的第一枚奖牌，打破了冬奥会中国零奖牌的纪录，那时举国欢腾。此后，日本、荷兰、德国等国家多次以优厚的待遇和可观酬金请她去"做指导"，愿意为其出国定居提供一切方便条件。叶乔波婉言谢绝，因为在她的心里有一个强烈的信念：我一定要参加下一届的冬奥会，我一定会为中国赢得一枚金牌！

为了抵达那个曾经无比靠近的梦想，已经过了短道速滑运动员巅峰状态的叶乔波，付出了超乎寻常的努力……长期训练让叶乔波膝盖损伤严重，医生诊断后，宣布她左膝盖半月板粉碎、大面积软骨断裂。1993年的手术中，医生竟从她的左膝关节里取出了5块碎骨，其中一块竟有拇指指甲大小。术后第三天，叶乔波就下地练习，第四天开始负重训练，她疼到浑身发抖。医生、教练都劝她放弃，但她仍然坚定地回答："我煎熬两年了，让我现在退，不可能！我就想为中国圆这个金牌梦，哪怕只有0.1%的希望，也要用100%的劲儿去争取。"

1994年2月，叶乔波出现在了挪威利勒哈默尔第17届冬奥会上。第一场比赛是速滑500米，然而从起跑的那一霎开始，她已明显力不从心，跌落到第13位。几天后的速滑1000米决赛，是她夺冠的唯一希望，当站上赛场的那一刻，她感觉自己就像一个战士，心中闪过一丝信念：就是把这条腿扔在冰场上也要拼一回！然而在距离终点还有几十米时，叶乔波的膝关节旧伤复发，她几乎是拖着右腿，凭着惯性滑过了终点，最终得了铜牌。

冬奥会还没闭幕，叶乔波就被送上了手术台。医生发现，她左膝盖两边的髌骨、侧副韧带、前十字交叉韧带、后十字交叉韧带已经断裂很久，腔内有8块游离的碎骨，骨骼的相交处呈锯齿状。后来的很长一段时间，叶乔波只能坐在轮椅上。媒体用"挂着冰刀出征，坐着轮椅凯旋"来形容她的这段冰坛传奇。同年举行的退役晚会上，叶乔波在镜头前哽咽道："我可以问心无愧地说，我对得起我的祖国。"

结束了21年运动员生涯后，叶乔波走入了清华校园，学历不高的她以超强的毅力，历经 13 年攻读完硕士与博士学位。此外，她还提供了许多有关"运动员退役安置与保障"方面的高质量议案，促成了相关文件的出台，为完善我国运动员保障体系发挥了重要作用。中国前进的路途，需要许许多多的"叶乔波"，不畏困难、全力以赴、顽强拼搏、奋发进取，以实现中国一个个零的突破。而这些坚毅勇敢的"叶乔波"，以及他们身上具备的宝贵精神，值得我们每个人学习！

在人生的低谷涅槃——王楠

王 楠 口述 邹鸿强 整理

在第 47 届世界乒乓球锦标赛上，我再度囊括了全部三个女子项目的金牌，当时我喜极而泣。

回想去年 10 月 10 日，我和队友们在釜山亚运会上"输了，还是输了"之后，悄然出现在首都国际机场时，失落的我和我的父亲无奈地被记者拉着，强装笑容，一次次尴尬地摆着姿势拍照，那时的我，强忍着泪水不让它夺眶而出……

相隔 8 个月后，人们再次看到了我的眼泪，与 8 个月前不同的是，它见证了我是怎样从人生的低谷走出来的。

做人难，保住冠军更难

对我来说，釜山之行就像一场噩梦。

中国乒乓球队在釜山亚运会上只拿到三枚金牌，创下了近 40 年来国际比赛中的最差战绩，成为当时最令人震惊的新闻。而我又是"千夫所指"，因为，作为上届亚运会夺得金牌最多的选手，那次征战釜山我却四冠尽失，只拿了个女单亚军。

釜山失利让我的处境发生了变化，我的家人也受到了影响。我理解球迷对我的期待和看到我失利后的失望，可是，让我的家人跟着受煎熬，我无论如何都受不了。

没有我的父母，就没有在世界杯、世锦赛、奥运会、国际乒联世界职业巡回赛等所有国际大赛上实现了女子乒坛冠军"大满贯"的我。是他们在我七岁的时候，把我送到市体校学打乒乓球。父亲作为乒乓球爱好者，一直是我在家中的"陪练"。那时，家里的生活条件不算好，但父母无论吃多大的苦，都会想尽办法满足我的需要。我是市体校破格选中的"编外选手"，不享受体校的各种待遇，父母每月都要为我多掏一份伙食费。

我11岁的时候被挑到了省队，15岁时在第七届全国运动会上打进前八名后，国家队的调令来了，父亲此时问起我打球的想法，我说："爸爸，你们既然把我送到了市体校，我就得好好打。"父亲流泪了："孩子，你才15岁，不必这么懂事！"那是我第一次看到父亲流泪。从那时起，我发誓，今后决不让父亲为我再流一滴泪！

我去国家队的时候，父亲、母亲、姐姐一起送我到北京，他们仅待了两天就必须赶回家了。我哭着拽住他们说："爸，妈，我要跟你们回家！"父亲说："你小的时候，爸爸带你到公园去玩，我们向河里扔一块石头，周围的水被激起一圈圈涟漪，到了国家队，你就介入了这一圈圈涟漪的中心，这个机会是很难得的。你离开国家队，你永远成不了那块'石头'，最多也就是块土疙瘩，迟早会被河水溶化的；你在国家队当'石头'，教练们会点石成金，总比在家里做土疙瘩幸福多了吧！"

我喜欢回家，那种家的味道总是给我轻松快乐的感觉。每次我回家，家里就像过年一样热闹，父母和我们一起玩闹，最有趣的是我们为彼此化装，打扮成稀奇古怪的样子在家里走来走去，逗得每个人都哈哈大笑，然后照相留影。每每看到这些照片，我就乐不可支。

可是，那次，在首都国际机场，我分明看到了父亲在被记者摆弄得无所适从时，从他眼角慢慢渗出的泪水。我的心在战栗！回到家中，我和亲人们抱头痛哭。

尽管，从悉尼奥运会拿到冠军的那一天开始，我便做好了输球的准备，这次失利也提醒了我"山外有山，世界上不只你是最棒的"。但我没有料到，我这次的"不在状态"，会引起这么空前的轩然大波。父母受累了，姐姐受累了，姐夫受累了，小外甥受累了，我的教练和铁杆球迷受累了，我不光要为自己，还要为他们抚平心口的伤痕……

夺冠难，背着包袱拿金牌更难

亚运村的早晨已经有了些许凉意，女团决赛前那一晚，"金牌情结"困扰着我，我睡意全无，好不容易熬到天亮。

下午，我铆足了劲走上团体决赛场。我一遍遍地嘱咐自己：那些正在休着国庆长假，候着时间等着看实况转播的上亿球迷都在等着你胜利的消息啊！可越怕输就越会输。当我发现朝鲜队的金香美技术上有新东西时，一下子不知如何应对。我的心态接着就发生了奇妙变化，越咬紧牙想扣死她动作就越变形，一切似乎都在跟我较劲，失误太多且欠缺攻击力，对方还连连出现"讨巧"球。我的球在旋转和落点上，总差那么一点儿，不该失去的分失去了，不该下网、不该出界的球失去了，我以 0∶3 惨败，三局一共才得了 21 分。在李楠又失去一场，我背着"只能赢不能输，否则女团金牌就泡汤"的包袱再度上场时，我那不争气的腰伤偏偏又在这个节骨眼上折腾起我来，我从心理上到技术上都一筹莫展，很快不敌金英姬，以 1∶3 败下场来。

走向更衣室的那刻，我的心情是冰冷的，我的背影只感受到镁光灯的苍白凄冷。

我强忍着心中的痛，压抑着苦涩的泪水，输了？是输了！败了？是败了！我在心里一遍遍向全国人民说"对不起，对不起，请你们原谅"，小小的乒乓球啊，你比"石头"还硬，还不近人情，你怎么这次就不让我点"石"成金了？

我想象得到，在关注我的国内，已经炸开了锅！

乒乓球是国球呀，国球之败，国人心痛。

冠军征战之路，难。比赛看临场，比赛结果有时真的很难说。邓亚萍够厉害了吧，但广岛亚运会，她在女单赛中却输给了小山智丽，后来她在亚特兰大奥运会上艰难地摆脱失败的阴影，才实现了自我突破，顺利地赢得了金牌。原先邓亚萍、孔令辉、刘国梁都经历过失败的煎熬，我还是第一次，此刻我才完全理解他们当时的心情。

在与父母、姐姐通话时，我足足哭了120分钟——我埋葬了中国女队的冠军之梦，这场"伤心雨"淋湿了每个球迷悲伤的背影。这也是知耻而后勇的泪水，经过此次磨难，我会在今后的日子里，只为胜利而流泪。

我发誓，我要重新站起来！

"复苏"难，在低谷中涅槃更难

不经历风雨，怎能见彩虹。

在这次大赛开赛前，我的父亲无意中说出了我想退役的想法，这件事的意外曝光给我造成了极大的心理障碍，大家都很担心我的状态。而国家队再次将李菊召回，也充分表明了教练对我的担心。就在这样的情况下，我铆足了劲，发誓要在巴黎取得好成绩。

人们说："本届世乒赛最大的赢家当数王楠，她在自己参加的所有项目中都夺取了金牌，包揽了女单、混双和女双三项冠军。看到她夺冠后晶莹的泪光，我们不禁想起她在亚运会惨败后经历的挫折。"我是如何站起来的？其中辛酸只有我自己最清楚……

2002年10月，釜山亚运会上失利后，我当时确实怀疑过自己。

在最困难的时候，我得到了来自家乡的支持。辽宁省体育局的领导在第一时间找到我，希望我振作起来，不要因一时的失败失去信心；辽宁省体育运动技术学院院长和我的教练在不到半年的时间里先后四次前往国家队看望我。

家乡人民没有遗弃我！为了他们，我要加倍努力！

我不是一个情感外露的人，对于来自家乡的理解和关怀，我并没在言语上做过什么表态，只是更拼命地训练。由于此前长期的训练，我的左手手腕患了严重的滑囊炎，每每训练量过大，持拍的左手都会痛得不敢动。在那段时间里，国家队的教练、球员们经常看到我左手打着封闭仍在训练馆挥汗如雨。

就当我在困境里独自挣扎时，2003年2月，乔红回到了国家队，成为我的主管教练。

乔红回到国家队后，第一件事就是帮助我重新树立信心。亚运会失利后，我对自己的打法一度产生了怀疑，甚至我在比赛中始终不瘟不火的表情也遭到了批评。我为此烦恼不已："我一直就是这么打球的，让我在比赛里又喊又叫，别说赢一场，恐怕连一局也赢不下来。"乔红一句话就解决了问题："你能战胜自己就足够了，没必要瞎想。"她说，我和情绪外放的球员各有长处，她们打球气势足，首先从精神上压倒对方，而我则是以柔克刚。

而在日常的训练和管理中，乔红与我亦师亦友的关系也在心理上给我以很大的帮助。自从兵败釜山后，心理问题仿佛就成了我的致命伤，人们总以"特殊的视角"来诠释我的一举一动。而这一切，在乔红成为我的专职教练后，达到了顶点。什么"保姆""心理医生"等说法都随之而来。

我和乔红认识多年，虽然年龄上有一定的差距，却不影响我们是好朋友。这次请她来，是我和教练组共同的意见。之所以会请她，主要是因为她与我有相似的经历，她又是我的大姐，平时沟通起来更容易一些，交流也能够细腻一些，她就是我的良师益友。但是我和乔红都有自己的空间和生活方式。她对我的帮助，也主要在乒乓球本身，她给予我的指导是在我心态起伏期的一种调整。

我牢记乔红的一句话：精神重于技术。NBA中和乔丹身体素质差不多的人不少，可乔丹却永远成了一曲绝唱，这奇迹的创造便源于他舍我其谁的精神。我必须找回这种舍我其谁的精神！

这次世锦赛沉甸甸的三块金牌，有人说，是赢在心理；有人说，是赢在技术；有人说，是赢在韧劲；有人说，是赢在球路。我清楚，是赢在舍我其谁的精神，它是对乔红的最好回报。

这次决赛之后，我作为胜利者却"无语泪长流"。这当然是胜利者激动的泪水，但我要强调，这泪水里也有我对今后比赛的忐忑。

当然，心静如水才铿锵。

平静地看待已过去的辉煌和低潮，用平和的心态对待名和利，我才能平静地面对未来的冲击。面对曾经的教训和这次的荣誉，我心静如水，一身轻松，一切从零开始。目前，我已与蔡振华教练一起成了河北师范大学的学生，希望能实实在在学点东西。今日的我，为了不愿在乒坛上留下遗憾，正在竭力备战、冲刺明年的雅典奥运会，这对我是一个很严峻的考验。面对未来的挑战，我仍将安静、坦然、自信……

我现在最大的愿望，是在明年的雅典奥运会上再拿金牌！我的人格才真正算是在劫难中"点石成金"。

（本文整理于 2003 年）

不在别人的褒贬中迷失自己——刘翔

张玮

2008 年 8 月 18 日，北京鸟巢体育场。我坐在记者席的第三排，面对男子 110 米栏预赛的跑道。刘翔撕下号码贴纸的一刹那，我站了起来——刘翔退赛了。

一

2004 年 8 月 28 日，雅典奥运会男子 110 米栏决赛。作为记者，我就在雅典。但根据比赛报道分工，我不在田径赛场。刘翔的那场比赛，我是在奥运村自己的房间里，通过闭路电视看的直播。

结果大家都知道，12 秒 91，冠军。这个赛前被我做报道计划时列入"可能登上领奖台"的上海小伙子，居然拿到了金牌！

回国后，我接到报社的任务：刘翔希望出一本自传，由我担任主要的采访整理者。

2004 年 9 月的一个下午，在刘翔家，我第一次见到刘翔本人。当时他从自己的小卧室走出来，明显没有休息好，眼皮还有些浮肿。

"叫哥哥！"刘翔的父亲在旁边说了一句。

我忙不好意思地摆手："别别别，我没比你大多少。"

刘翔笑了笑，伸出手："张记者，你好！"

那是我对刘翔的第一次采访，按理，我应该为他的自传搜集很多第一手材料。但现在回想起来，我们将很多时间都花在对电脑游戏的讨论上。

那一年，刘翔 21 岁。

二

2005 年，应该是刘翔最火的一年。

其实在 2004 年雅典奥运会结束回国后，刘翔就已经蒙了。从奥运会归来第一次回家，他发现道路两边站满了自发来欢迎他回家的市民。待了半天，刘翔也不敢下车。车里的老刘拍了拍他的肩膀："接下来，不是看你的成绩，而是看你做人了。"

2005 年，刘翔的热度达到了巅峰，各种各样的邀请、采访、广告让他晕头转向。

面对热潮，刘翔渐渐选择自我封闭。"我不担心别的，就是担心他太封闭了，整个心态会受影响。"刘翔的父亲不止一次对我这样说。

2005 年，在深圳举办"中国十佳劳伦斯冠军奖"的颁奖典礼，刘翔是候选人，我是采访记者。

颁奖典礼前一晚，我去刘翔的房间玩儿。那时候，为防止媒体采访，他那一楼层的电梯口已经有保安站岗了。如果不是刘翔亲自出来接我，我根本进不去。主办方给刘翔准备的也是一间标间。闲聊了一会儿，看时间不早，我准备回自己房间，刘翔忽然说了一句："今晚别回了，睡这儿吧，我们聊聊天。"我说算了，怕给他添麻烦。他摆了摆手："我说可以就可以，你放心！"

那天晚上，我们聊了很久。话题五花八门，比如他以前在体校受年纪大的队友欺负，比如变形金刚，比如喜欢的电影、影星。那天他给我讲他欣赏的香港影星，我记得其中有刘嘉玲。说到开心处，我们俩会捶床、踢被子。

第二天一早，"频道"似乎又调了回来。他对着镜子整理衣领："待会儿有个运动员代表发言，我准备说三个方面……你帮我看看还有什么需要补充的。"

当晚的颁奖典礼上，刘翔毫无悬念地当选2005年"中国最佳男运动员"，给他颁奖的嘉宾，正是刘嘉玲。

三

2006年，刘翔的成绩再一次达到巅峰：在瑞士洛桑，他以12秒88的成绩打破了世界纪录。

打破世界纪录后的刘翔，成为"无差别级"的国民偶像。我的老师、同学、同事，身边的朋友，各种年龄层次和职业的人，纷纷拜托我帮他们索要刘翔的签名，当然，最好能看一眼刘翔本人。

我印象最深的一次是在广东，刘翔冬训，我去采访。一起吃过晚饭后，我们找了一家量贩式的卡拉OK唱歌——刘翔喜欢唱歌，但那时，这样的放松机会不多。包厢外忽然一阵骚动，伴有责骂声，然后门就被撞开了。一个身着黑衬衣、戴着金项链的50岁左右的男子，硬是闯了进来。身后试图阻拦的服务员，被这名男子身后跟随的几个穿黑西装的男子挡在门外。

"刘翔？刘翔真的在？"那个中年男子边走边嚷，满身酒气。

包厢里的人都挺紧张的，刘翔站了起来，一时不知如何应对。气氛有点紧张。那名男子走到刘翔面前。"果然是刘翔！"他喊了一声，然后忽地退一步，双手一抱拳。刘翔忙抱拳回礼。

"刘翔！英雄！"那个男子就说了这4个字，随即转身，带着其他人离开了。

123

四

做英雄，是要付出代价的。2007 年，世界田径锦标赛在日本大阪举行，刘翔是男子 110 米栏最有希望的夺冠候选人。当时日本的媒体送给刘翔一个称号：黄金升龙。

刘翔抵达那天，大阪的关西国际机场挤满了中日媒体，希望能采访他。刘翔从出口出来后，却虎着脸，没有接受任何采访。我迎上去，希望能和他打个招呼，却不承想，他也没有理我，直接从我面前走了过去。

后来，他的教练孙海平对我解释："刘翔那天其实发着高烧，来的飞机上，机舱里的人排队找他合影留念，他可能有点情绪。"孙海平后面还跟了一句，"他很想拿这个冠军……"

在此之前，刘翔还没拿过世锦赛冠军。所以，在决赛那晚，身处第 9 道，却以 12 秒 95 的成绩夺冠后，刘翔兴奋得有些异常。在赛后的混合采访区，我隔着围栏，伸出手喊："刘翔！"他过来和我猛力击了一下掌，他的眼里，明显有泪花。

那让我忽然想到了大赛前不久的一幕，那是去北京体育总局看他训练，结束后我们打了一辆出租车去吃晚饭。我坐副驾驶位，刘翔坐司机的身后。

"哥们儿，你们是运动员吧？"的哥从训练中心门口接的我们，自然这么认为。

我侧头看了一眼刘翔，他蜷在座位上，低头摆手。之前已发生过多次，出租车司机认出了他，结果到目的地后，坚持不肯收钱。于是我否认。

"可惜了，如果是运动员，我就不收你们车钱。"

"是运动员你就不收钱？"我倒好奇了。

"有条件！你得代表我们国家，在世界大赛里进过前三名，我就不收钱！"的哥非常认真地说，"运动员嘛！为国争光就是英雄！"

"不然呢？"我问。

"不然就是狗熊！"

自始至终，刘翔没说一句话。

五

2008 年年初，我曾问刘翔最大的心愿是什么。他回答："我希望明天早上一睁眼，奥运会就开幕了，我想赶紧赛完。"

刘翔是一瘸一拐走回北京奥运村的。他走在前面，一群志愿者不敢上去搭话，默默地跟在后面。忽然，有一个志愿者喊了一声："刘翔，加油！""刘翔，好好养伤！""刘翔，我们会继续支持你！"大家都跟着喊了出来，带着哭腔。

晚饭时间，刘翔没有去运动员食堂。房门紧闭。不知是谁在他门口留下一束鲜花。没多久，鲜花堆满了门口。

刘翔的父亲第二天才进入奥运村。那时候，刘翔正趴在理疗床上，做腿部肌肉恢复。"爸……"刘翔叫了一声，就没再出声。

房间里寂静得出奇。老刘忽然听见水滴到地板上的声音——刘翔哭了。

六

更大的挑战是康复训练。2009 年春节，我去了美国休斯敦。在北京奥运会上伤退的刘翔，在那里做康复治疗。

北京奥运会后的某一天上午，我去他家，当时他正在吃早饭。

"我决定动手术了。"他对我说。

我知道，之前有不少人劝过他，千万别动手术，不然就废了。"但不动手术，我不可能继续跑下去。动手术，至少我还有机会。"刘翔说。

其实比起手术短暂的痛苦，更大的挑战在于康复训练。在休斯敦的得州医疗中心，刘翔让我做一组他的康复动作，很简单，提着两个哑铃，上一个台阶，再下来。我做了一组，已气喘吁吁，而伤口才愈合的刘翔要做10组，每天至少要做5套类似的动作，再加上其他各种康复训练。

"我想过放弃，这是我第一次想到放弃。我每晚闭上眼就在想，明天又是一天，我还坚持得住吗？"那天在休斯敦刘翔借住的公寓，我们聊了一个下午。

刘翔对我说这句话时，我确实很震惊：手术都决定动了，还会挺不过康复训练？

在休斯敦的莱斯大学，那时的刘翔已经可以开始室外的康复训练了。有一天午后，在做完一组跨栏动作后，他和我坐在沙坑旁聊天。"有时候我真的很难相信，我怎么已经26岁了？"他仰头看天，休斯敦的天碧蓝如洗。

然后他忽然说起了2008年，"现在回想起来，那真是一场灾难"。

印象里，这是他第一次在我面前回忆北京奥运会的比赛。当时在一旁的，是刘翔的赞助商聘请的一位专门来为他拍视频的老兄。这位老兄回国后，剪辑出了一部记录刘翔康复历程的片子，叫《追》，我个人认为拍得很棒。在那部时长23分钟的片子里，他忠实记录了一段采访内容，采访对象还是一位的哥。

"大多数客人都这么认为，认为他这次觉得跑不过人家了，所以还是退出比较好，省得在自己国家丢脸。"

"那他不是腿受伤了吗？"

"借口！"

"那你还会支持他吗？"

"从他退出比赛我就讨厌他了。"

七

现在回想起来，其实从 2010 年到 2012 年，我也没见到刘翔几次。和他的主要交流也只限于偶尔的电话，或者短信，后来是微信。那几年，我感觉他是憋了一口气。谁都知道他想证明什么，但他自己从来不说。

有很多人质疑：奥运会前，刘翔干吗那么拼命跑？但我知道，他是怕旧伤复发，想在自己状态最好的时候，把世界纪录给夺回来。

2012 年，我是坐在伦敦奥运会记者席的第一排，看着刘翔退赛的。我参加过 3 届奥运会的采访，现场目睹了他两次退赛——唯一一次夺冠，我不在现场。

伦敦奥运会男子 110 米栏第一轮，裁判说："各就各位。"我的心跳和往常一样开始加速。尽管采访过刘翔那么多次，我依然会紧张。尤其是在决赛起跑线上，站着清一色的黑人选手，只有刘翔一个黄皮肤的中国人孤独而坚定地举起双手向观众示意，瞬间就让人血脉偾张。

那时，我才会觉得往日这个嬉皮笑脸的家伙有多了不起。但那天，刘翔还是倒下了。

"医生之前就告诫过我，说我的跟腱很有可能断裂。"后来刘翔回到上海，和我聊起那天的情景："我上跑道踏了踏起跑器，就知道医生没骗我。"

那天在伦敦，我所能做的，就是第一时间把"刘翔跟腱确认断裂"的消息通过社交平台发布出来。

2012 年 8 月 8 日晚，伦敦奥运会男子 110 米栏的决赛。在伦敦市郊的罗姆德小镇，我和刘翔的父亲刘学根，坐在他住所外的露天长椅上。老刘点燃一根烟，仰望夜空，一语不发。屋内电视正在直播比赛，但我们俩，谁都没进去。

半晌，老刘幽幽吐出一句："这一切和 4 年前太像了。"

　　然后，老刘开始陷入回忆："他赛前训练的所有数据都已经超越历史最高水平，那时我想，他应该可以圆梦了。

　　"以前我叮嘱他回家要戴脚套理疗伤处，他还会笑着说我啰唆，但这两个月，他一回家就自己戴好脚套，我知道他真的要拼了。

　　"我来伦敦前就知道他的脚又出问题了，但我每天都祈祷，希望奇迹发生。我一直瞒着他妈妈，我想自己先扛着。

　　"他伤势一有好转，就会给我发短信，我这一天就会乐得跟什么一样。他一不发短信，我就知道又糟糕了，这一天就魂不守舍……"

　　所有的希望，在老刘赶到医院陪刘翔做跟腱手术的那一天，全部化为泡影。那是一场一个多小时的手术，刘翔最终被推出手术室。看到守候在外的父母，实施全身麻醉的刘翔努力动了动身子，想对父母挤出一个微笑。刘翔的舌头还不灵活，喉咙里发出"嗬嗬"声，费尽全力吐出一个模糊的词："没……事……"

　　那一刻，60岁的刘学根不顾众人在场，眼泪横流。"那一刻，哪有什么奥运会，哪有什么冠军，眼前的人，就是我的儿子，其他什么都不是！"老刘说。

八

　　2015年3月底的一天晚上，10点多，我手机忽然响了，一看，是刘翔。"玮哥，没睡吧？"话筒那头刘翔的声音有点低沉，但非常严肃，"想和你讲一件事……"我的心忽然"咯噔"了一下，一阵莫名的紧张，随后却是释然——他要做出一个重要的决定了……

　　一周后，在上海体育场，数万人面前，刘翔宣布自己退役。我没有去现场，在电视机前，泪流满面。

　　2016年6月，我们全家去了一次瑞士，住在蒙特勒。有一天，我对我太太太说，我想去一次洛桑。

洛桑不大，没费多少工夫，我就找到那家体育场——刘翔创造 12 秒 88 世界纪录的那个体育场。然后我就看到那两块铭牌——见证了刘翔在这个体育场，一次打破世界青年纪录，一次打破世界纪录。

看着那两块铭牌，我忽然挺为他感到欣慰的。

2016 年里约奥运会期间，不少网友说："我们欠刘翔一个道歉！"对于这点，我并不认同。其实不管世人怎样评判，刘翔就在那里，他的成绩也摆在那里，并不会因大家的态度而发生任何改变。

刘翔曾身不由己地被捧上云端，也曾被毫不留情地踹下神坛，他经历了常人远不能承受的成功和失败，也得到了常人所不可能得到的锤炼和磨砺。人们无须向他道歉，当然，他也从来无须向任何人道歉。他可能是中国体育史上再也不会出现的运动员——不是说他的运动成就，而是他的人生遭遇：大起大落，大喜大悲，大彻大悟。

他，就是刘翔。

每一次跌倒都是成功的积累——武大靖

品 然

武大靖，这个长相俊朗、神情庄重的东北小伙，已经成为中国冰上运动的代表人物，并延续着自己的巅峰状态。短道速滑，需要在严谨与敏锐中释放出极大的勇气，武大靖的职业生涯就像这项运动一样，依靠严谨的态度与敏锐的天赋，展现出非凡的勇气与自信。

从 107 次摔倒开始

家乡佳木斯拥有漫长的冬季，武大靖从小就对这里的冰天雪地情有独钟。10 岁那年，一次偶然的机会，武大靖在电视中看到了李佳军、杨扬在冰面上凌厉、迅捷的身影，他的心中燃起一团火焰。"短道速滑"4 个字深深印在他的心中。父母非常支持他的兴趣，将他领进了佳木斯当地的短道速滑业余队。

10 岁的武大靖，已经饱尝被寒冷与黑暗包裹的滋味。开始接触滑冰时，他每天凌晨 4 点左右就独自离开家，伴着黑夜中的风霜赶去训练场。母亲回忆道："只要能上冰，根本就没有黑夜和白天的区别，可他从来都没有抱怨过，也从来没有偷过懒。"

刚上冰，摸不清冰面的脾气，摔跤是常有的事。"还记得我第一次上冰，摔倒了 107 次。"这是武大靖迈上冰面第一步所付出的艰辛。好在冰面之上跳动着一颗火热的心，武大靖没有畏惧，既然选择独自闯入冰雪世界，这个 10 岁的孩子就有勇气适应冰的秉性。父亲心疼儿子，会偷偷看他训练："正巧他摔倒了，脑袋都扎到雪堆里了，我在旁边看着，眼泪差点儿掉下来。但他不哭，爬起来拍拍脑袋上的雪接着滑，回到家他也从来没叫过苦。"

之后武大靖来到哈尔滨。在这里，普通人为冰而来，享受着通透畅爽的凉意，而幼年的武大靖是为了继续在冰上摸爬滚打。在哈尔滨训练，需要承担一个月 600 元的伙食费以及昂贵的装备费用。"一双鞋、一副冰刀，再加上油石与刀架，将近 7000 块钱！"武大靖的家庭本不富裕，但是父母欣然付了这笔费用。武大靖明白家人的辛苦，从小就十分节俭。他的眼中只有滑冰，从那时起他给自己定下了目标，一定要进入国家队，滑出成绩。

13 岁时，武大靖又离开了哈尔滨，乘坐 20 多个小时的火车前往南京。这一次，丰沛的雨水代替了黑龙江的冰天雪地，但武大靖感觉自己距离冰上的梦想越来越近了，因为他进入了江苏省短道速滑队。然而，事与愿违，仅仅两年后江苏省短道速滑队便解散了。武大靖开始明白，能让自己摔倒的不仅是冰面，还有不可捉摸的命运。他收拾行囊回到东北，成为吉林省冬季运动管理中心的运动员，在那里重新开始。让人意想不到的是，这次转折竟成就了一次跨越。由于更加艰苦的训练，武大靖在全国联赛中表现出色，之后于 2010 年 11 月进入了国家队。

"有梦想，别怕，去追"

进入国家队后他才发现，并不是来到这里就意味着能为国争光，这只是更广阔平台上的新起点。刚进入国家队的两年，武大靖仅是一名二线队员，训练的一项主要内容是给女队员当陪练。"长距离周洋超过我，短距离范可新超过我，自尊心每天都在受打击。"就在 2010 年，周洋在温哥华冬奥会为中国队夺得了金牌；而范可新仅比武大靖早一个月进入国家队，就在当月以 17 岁的年龄成为新科世界冠军。只比范可新小一岁的武大靖，无论从儿时梦想、职业生涯前景还是男人的自尊方面，都感受到了前所未有的压迫感与危机感。

"有梦想，别怕，去追。"这既是他的内心宣言，也是他个性的写照。还是孩子时，武大靖学会了如何在冰上脚踏实地，从而获得了比步行更快的速度。如今，他正从男孩成长为男人，如同滑进了冰面的弯道之中，稍不留神便会被冰面甩开。10 岁时家乡训练场上的一幕出现在了国家队训练场上，依旧是凌晨 4 点，没有了寒冷与黑暗，有的只是不知疲倦的双腿和浸满汗水的衣衫。武大靖如同冰面上燃起的一团火焰。

在进入国家队的第 4 个年头，武大靖终于闯入了人们的视野。在 2013 年 2 月的短道速滑世界杯索契站比赛中，武大靖夺得亚军；之后在同年 10 月份的短道速滑世界杯韩国站比赛中，武大靖先是在男子 500 米决赛中夺得亚军，当时登上冠军领奖台的是赫赫有名的俄罗斯选手维克多·安；随后武大靖成功战胜维克多·安，以 1 分 27 秒 662 的成绩夺取了男子 1000 米冠军。

2014 年，武大靖第一次站在了冬奥会短道速滑的赛场上。武大靖以 41 秒 516 的成绩夺取男子 500 米银牌，斩获了个人第一枚奥运奖牌。在男子 5000 米接力决赛中，武大靖以第一棒出战，但在开局阶段出现意外摔出赛道，随后迅速起身投入比赛，之后武大靖和队员们拼尽全力，最终以 6 分 48 秒 341 的成绩拼得一枚铜牌。

这次冬奥会，让武大靖深刻认识到顶级竞技赛场的残酷与瞬息万变，也极大地丰富了自己的比赛经验。他意识到自己距离世界顶尖水准还有一段难以衡量的差距。他在训练中重视每一寸冰面，在比赛中争取每一次胜利，一个熟悉的声音又在武大靖耳边响起："有梦想，别怕，继续追。"2014 年 3 月，就在索契冬奥会过后不久，武大靖出现在短道速滑世锦赛男子500米决赛中，以40秒526的成绩夺得冠军；在同年11月的短道速滑世界杯蒙特利尔站中，武大靖再获殊荣，以40秒720的成绩赢得男子500米冠军；同年12月，武大靖在短道速滑世界杯韩国站1000米决赛中以1分27秒447的成绩再度夺冠。

进入2015年，武大靖的战绩更加出色。3月，武大靖在短道速滑世锦赛500米决赛中以41秒032的成绩实现了卫冕，帮助中国队收获了男子500米世锦赛的"三连冠"；在11月的短道速滑世界杯蒙特利尔站比赛中，武大靖先是夺得了男子500米的冠军，随后又与队友在男子5000米接力决赛中成功夺冠；12月，武大靖梅开二度，又在短道速滑世界杯上海站比赛中夺得男子500米冠军，在单赛季该项目世界杯中夺冠。

"不服咱就干"

2016年，武大靖的状态有所下滑，但他的心态不断成熟。他知道自己最重要的目标是夺取冬奥会冠军，而不是知道个人的巅峰矗立在何处。在瞬息万变的冰场上不存在绝对的统治力，任何一次波折都是对未来的积淀。

2018年平昌冬奥会，在很多中国观众的印象之中，争议与惊喜并存。中国选手在短道速滑赛场屡屡遭遇犯规判罚，仿佛一只隐形的魔爪拦住了中国队的夺金之路。但失意后的惊喜竟是那么提气又解气！电视中播放了武大靖在赛前的一次霸气宣言："不服咱就干！"这个24岁的东北男人，已经踩在了刀锋之上，那个曾经将他无数次撂倒的冰面，多年后无论横在哪里，都能辨认出他凌厉的身影与坚定的眼神。男子500米预赛第一组比赛，武大靖以40秒264的成绩刷新了奥运纪录，以小组头名昂首晋级1/4决赛。1/4决赛中，武大靖竟创造了39秒800的世界纪录，接下来他还会创造怎样的纪录？令人意想不到的是，半决赛出现了罕见的状况：在武大靖滑行两圈半时，比赛突然被吹停，原因是场地上有刀片遗落。武大靖克服了体力消耗与精神压力，重赛后依旧势不可当，以40秒087再夺小组第一。最终的决赛，已看不到队友任子威与韩天宇的身影，武大靖率先入场，两位韩国选手似乎注定沦为陪衬。电视机前的中国观众也不时将目光瞄向来自英国的主裁判。

从发令枪响的瞬间开始，武大靖就用自己的方式告诉世界，为了下一刻的终点，多年来自己积蓄了多少能量。他拔脚飞奔向前，在第一个弯道便占据领先位置，那速度简直令观众忘记了呼吸，眼前似乎产生了梦幻的一幕：冰面如同拧紧发条的旋转舞台，围绕中央的舞者飞快地转动，其他的选手都不过是武大靖身后手忙脚乱的伴舞。最终，武大靖以领先3个身位的巨大优势冲过终点，为中国队赢得平昌冬奥会首枚金牌。他高举双臂，握紧双拳，冲向主教练李琰，此时李教练早已喜极而泣。记分牌上，"39秒584"的旁边又亮出了醒目的"WR"，武大靖再次刷新世界纪录！赛后，人们将这场决赛评价为"提气又解气的胜利"。

在平昌冬奥会短道速滑赛场上，武大靖还与队友携手获得了男子5000米接力赛的亚军。而冬奥会之后，武大靖的状态没有减弱。2018年11月，武大靖在9天之内连夺两次短道速滑世界杯500米冠军，其中在短道速滑世界杯盐湖城站比赛中，他以39秒505的成绩打破了自己在平昌冬奥会上创造的世界纪录。武大靖依靠勤奋与勇气，努力做最好的自己，终于走上了职业生涯的巅峰。并且就像武大靖在接受采访时说过的那样："我们最不缺的就是意志！"

你的前途藏在你的自律和努力里——苏翊鸣

杜梦薇

"想明白了就能做到"

2022年2月5日，一大早醒来，苏翊鸣在房间里打开电视。昨晚参加开幕式的快乐还有余温，电视上已在直播女子单板滑雪坡面障碍技巧预赛。他想：明天同一时间我就要站在同一位置往下滑了，4年就为了明天这一下，如果我滑不好，可能一切梦想都结束了。

接着他看到了很多人失误，又开始想：我失误了怎么办。压力从电视那头源源不断地传过来。一直到午饭时间，他什么都吃不下去。这是苏翊鸣从未有过的体验。

他走回房间，躺下来，开始思考。"我就想，我这样肯定不行啊，因为在这种压力下，我的思维是特别紧绷的，但滑雪是需要变通的。那就赶紧找办法破解，"一个多月后，苏翊鸣回忆道，"我给自己找了一个答案，我终于想明白了，自己在乐观积极的状态下可能会完成得更好。如果思维继续直直地去往一个方向，不但不会好，还会影响自己的发挥。4年一届当然重要，但从另一个角度来说，我为什么不把终于等来的比赛用最开心的方式去享受呢？"

这就是北京冬奥会期间，苏翊鸣完成思维变化的那个上午。全程他一个人待着，没有和任何人交流。"别人再怎么说，我自己不这么想，我就不会这么做。我必须得成功地让自己这么认为，而且我一旦这么想了，我就一定可以做到，一定是这样的。"苏翊鸣语气坚定，眼神里有种超越年龄的成熟。

从那之后，他真的做到了。当天下午的训练，第二天预赛，之后的决赛，以及一周后的大跳台项目，"我都没有任何压力，我脑子里只有一件事，完成动作，这就是我要做的全部。没有什么站不站，也没有'会不会怎么样'，从来没有过。"

某种程度上，这是他的武器——想明白了就能做到。

顶级运动员练到最后拼的是脑子，最高境界是自己能当自己的教练。

全力备战北京冬奥会的这3年多时间里，苏翊鸣有一年半的时间独自训练，这对他而言是"天翻地覆的改变"。在那之前，他已师从日本冠军教练佐藤康弘。佐藤康弘技术细腻，他能一眼从繁复的运动轨迹中找到某个需要调整的点，把一个动作拆解成头的角度、肩的角度、手的角度，精准到位。在拿到奥运冠军后，苏翊鸣反复讲，没有佐藤教练就不会有今天的他。

消除芜杂的念头

教练不在身边的那段时间，向上爬坡的苏翊鸣迷茫而沮丧。当佐藤在旁，他会有尝试新动作的安全感。佐藤会告诉他雪况、风向、风速，会实时反馈每一个细节。他们就像两个齿轮紧紧咬合，并不断逼近目标。但在那之后，他只能通过视频获得远程指导，剩下的一切都需要他自主判断，独立思考。

在这种不安之下，苏翊鸣又开始调动他的"武器"。"我当时脑子里只有一句话，如果我不去尝试（新动作），我马上就会被所有人超过，我会被阶段性地淘汰掉，我就没办法再去触碰最高水平的竞技了。"想明白了，苏翊鸣制订了详细的训练计划，他每天第一个上山，最后一个下山，一直练到缆车停运，雪道关闭，再坐着雪地摩托上去，他的自信一点一点在积蓄。

2021 年 6 月，当苏翊鸣和佐藤康弘再次相见时，他觉得"我们彼此都达到了最好的状态"。苏翊鸣拥有了充分的自我认知和强烈的自信心，佐藤的每一句指导他都能完全吸收，迅速执行。

"从那时一直到 2022 年 2 月，这大半年完全是一个持续上升的状态。我说的不只是技术上，还有我们彼此的心理上。这种看不见的东西，气场也好，默契也好，沟通的桥梁也好，一直是越来越好。"他和佐藤在国外漂泊数月，先是拿到第一个世界杯冠军，然后取得更多积分，赢得北京冬奥会的参赛资格。

男子单板大跳台决赛是本届冬奥会最激烈的一场比赛，几乎每个人都在尝试 1800，每个人都有夺冠的实力和可能性，足以计入单板滑雪比赛的历史。在电视机前观战的苏翊鸣的姥爷，在比赛开始前连吃了两颗降压药，"心跳得和大跳台一样高"。

但镜头捕捉到的苏翊鸣是松弛的。他戴着耳机（其实并没有听音乐），看不出来有紧张的神色。几天前，他刚刚获得了一枚银牌，裁判的打分引起巨大争议，社交网络民意沸腾。他和佐藤教练发表了一封公开信，文中写道："这是比赛的一部分，我尊重裁判的决定。"

"想明白了就能做到，"苏翊鸣再次用了一样的逻辑，"银牌的争议，大跳台的期待，所有的舆论，那段时间我都能看到。一桌人吃饭，都在说，我这边听，那边就出。当我告诉自己不在乎，我就会做到。那我随便看，谁给我看都行。"

苏翊鸣说，当他极度专注的时候，如入无人之境，连记忆都被覆盖掉了。除了最早的那个上午，所有芜杂的念头，全部是在比赛结束之后才进入他的脑海的。

心怀热爱与自由

苏翊鸣出生在一个典型的小康家庭。爸爸和妈妈在雪场上恋爱，有了苏翊鸣后，就双板改单板，一家人一起滑，这项活动保留至今。小时候他说："我的小名叫小鸣，我的艺名叫翊鸣。"妈妈觉得这孩子聪明。他们一家三口毫不避讳亲昵的表达，拥抱和亲吻都很自然，平等和尊重贯穿在各种生活细节之中。很小的时候，苏翊鸣就留起了长发，他不仅得到了支持，爸爸还模仿他留了一段时间。

"我跟他说过，每天上学 8 个小时，妈妈知道你很辛苦，一坐坐一天。但要是其他人学 8 小时能拿 90 分，你只能拿 80 分，那我宁愿你就学 6 个小时，剩下 2 个小时去玩。"苏翊鸣的妈妈李蕾说。她也遵守约定，从来没让苏翊鸣上过任何补习班。她理解如今焦虑的家长，但同时她想："人生那么长，每一步都可以是起跑线啊。"

苏翊鸣是幸运的，所有人都在为他创造条件。从小学二年级起，每周三他都请假去滑雪，一直到六年级，"后来和班主任也有默契了，都不用打招呼"。6 岁那年，他在雪场被人压倒，右腿大腿骨折，妈妈见到他说："宝宝我们不能放弃。""我当时的想法是，如果现在放弃了，那他将来做别的事情也会半途而废。我觉得学习态度是最重要的。"从那之后，苏翊鸣滑雪还得瞒着家里的老人。

冬奥会预赛时，苏翊鸣有一跳没站住，李蕾那天收到了很多微信消息。她给所有人统一回复：孩子啥事没有，手扶了一下雪而已。"我特别相信他。我觉得我对他的信任会给他一种无形的力量，就是爱的力量。不管他拿了什么样的成绩，只要他在享受这个过程就可以了。"

"我觉得我都是在追求我的爱好，我只不过比原来投入了更多的精力。"苏翊鸣说。

　　时至今日，苏翊鸣仍然没有把自己完全定位成一个专业运动员，他不会去计算自己的运动周期还剩多少，他还有很多很多事情想尝试，比如音乐和电影。"我是因为热爱才滑雪的，我热爱的其他事情一样也可以做好。"苏翊鸣说，"没有不可能，单板滑雪带给我最重要的东西是自由。"

看不见光，那就追光去——刘翠青、徐冬林

吴淑斌

最后一枪

上跑道前，徐冬林做了一个深呼吸，橘色背心上贴的标签"Guide（领跑员）"随着胸腔起伏。刘翠青听到了这一声长长的吐气。她没有多问，在赛场上，她只负责不停地跑，方向、节奏、成绩，全都交给徐冬林主导。

这是2021年9月4日，东京残奥会田径女子200米T11级的决赛现场。刘翠青是一名盲人运动员，参加的是T11级比赛——"T"代表径赛，"11"是指全盲。根据残疾人田径比赛的规定，盲人运动员需要有领跑员带跑，协助完成比赛。徐冬林就是刘翠青的领跑员，他们已经合作8年了。

这一天，东京下了点小雨，徐冬林挽着刘翠青，慢慢走上湿滑的跑道。刘翠青戴着眼罩，右脚先碰到了左脚起跑器。她往右边挪了挪，弯下腰，摸索着将右脚先摆到起跑器上。徐冬林站在她身后，帮她固定好左脚，又在刘翠青直起身子之后，扶住她的肩膀，把方向调正。随后，徐冬林踩上隔壁跑道的起跑器，捡起放在地上的引导绳，把自己的4根手指套进绳子一端的橡皮圈，绳子另一端的橡皮圈已经套上了刘翠青的4根手指。

这条10厘米的引导绳，会在奔跑时把运动员和领跑员连接在一起。徐冬

林要通过这条绳子带着刘翠青跑向正确的方向，当刘翠青迈右腿时，徐冬林要迈左腿配合。两个人的抬腿高度、步幅、摆臂幅度需要完全一致——从侧面看只有一个人的身影，动作稍微不同，就会发生磕绊和拉扯。

一声枪响，4组运动员和领跑员全都从起跑器上弹了出去。最后50米，刘翠青和徐冬林开始加速，两个人几乎同时冲过终点线。远处，大屏幕上，"刘翠青/徐冬林"的名字出现在第一位。徐冬林一下子直起身拥抱刘翠青，用力拍了拍她的背，告诉她"我们是第一名"。

这是他们在东京之旅拿下的第二块金牌，也是徐冬林和刘翠青在东京残奥会跑的最后一枪。此前9天，他们已经连续跑了10场比赛，两个人的体能和精神都到了极限。在之前的一场接力赛中，徐冬林因为一个急刹扭伤了腰。这场决赛前，他在心里做了最坏的打算——这可能是自己职业生涯的最后一枪。

"隐形人"

如果没有当上领跑员，徐冬林运动生涯的最后一枪或许在10年前就跑完了。

1989年出生的徐冬林，原本是江西省体工队的一名专业短跑运动员。2011年，因为训练时大腿严重拉伤，他的成绩始终没有新突破。徐冬林有些气馁，打算直接退役，和许多同学、队友一样，谋求一份体育老师或是体校教练的工作。也是在那一年，他接受了残联教练的邀请，成为一名领跑员。

要为盲人运动员找到一名合适的领跑员并不容易。领跑员需要是30岁以下的男性，身高在1.80米至1.85米之间，且近4年在市级以上运动会上，100米短跑电子计时成绩不超过11.20秒。这些要求对专业运动员而言，不算太高，但一个领跑员需要的远不止这些。选择领跑员时，不是一味求快，更重要的是领跑员和运动员的动作风格相近。还有最重要的是，辅助盲人，一定要有耐心和爱心。

2011年时，"领跑员"在大众眼里还是一个极其陌生的名词。领跑员更像运动员身边的一个"隐形人"，成绩栏上没有领跑员的名字，虽然能和运动员一起站上领奖台，却没有奖牌可领。

领跑员第一次走进大众视野，是在2008年北京残奥会上。在女子100米T11级比赛的颁奖现场，获得冠军的运动员吴春苗在国歌响起前，摘下胸前的金牌，挂在了领跑员李佳雨的脖子上。

磨 合

起初，徐冬林以为领跑员的任务就是"带着运动员跑步，给他们指方向"。真正当上领跑员后，他才发现，跑步、训练、日常生活，和运动员相关的方方面面，领跑员都要参与其中。

2013年，徐冬林成了刘翠青的搭档。起初，两个人的合作并不顺利，徐冬林总觉得，他们沟通起来十分费劲，"中间隔着一道，想不到一块去"。直到有一天，他想明白了，一直横在他和刘翠青中间的"那一道"，是不信任感。"就算亲人带着我走路，我都不放心，何况我是一个陌生人，翠青哪敢跟我奔跑？"此后，他变得耐心了不少。

做力量训练时，徐冬林站在一旁，先辅助刘翠青训练，帮她调整各种器械的位置，控制器材加减重量。刘翠青练完后，徐冬林再选个休息时间自己加练。一日三餐，他带刘翠青去食堂吃饭，挨个报菜名，让她点菜。8年下来，徐冬林已经熟知刘翠青最爱吃各种蔬菜，猪蹄、鱼肉则从来不碰。训练闲暇，他也带刘翠青去看电影，刘翠青听声音，他讲解电影里的画面。刘翠青知道自己性格内向，也有意配合徐冬林，"别让他自言自语，好尴尬"。以前，徐冬林提示前面道路上有障碍物时，她只会"嗯"一声作为回应。后来，她会多问一句："是什么东西？什么颜色的？在哪个位置？"

讲解动作时，也不能只靠"讲"，"她从来没见过标准动作的样子，只告诉她怎么做，她的脑子里是没有概念和画面的"。徐冬林开始手把手地教，教练布置完动作后，他先学会了，再把每个动作一点点分解，摆好姿势，让刘翠青摸着自己的手和腿，感受腿的折叠角度、抬手的高度。然后，换徐冬林扶着刘翠青的手和腿，帮她做出标准动作。反复练习到动作稳定后，两个人开始练习配合，先是站在原地，快速地同步摆臂，然后拉着牵引绳慢跑，逐渐过渡到快速跑。

在赛场上，徐冬林还担负着把控节奏的任务。他会根据刘翠青的体能状态和竞争对手的水平，告诉她需要以多大的强度才能取得好成绩。400 米比赛有两个弯道、两个直道，以前，徐冬林会口头提醒刘翠青"上弯道了""下弯道了"。他感到在比赛过程中说话，会影响呼吸节奏，分散两个人的注意力，便慢慢改成使用引导绳做暗号交流。徐冬林的手向刘翠青的方向拐一点，是上弯道；手稍微上抬，是下弯道；向后摆手臂，是距终点线 2 米的提示，刘翠青需要做出压线的动作，率先冲过去。按照规定，领跑员必须在运动员之后过线，徐冬林常常开玩笑，"我永远是第二名，跟在她后面"。

共同的比赛

与徐冬林的合作像一条引信，把刘翠青身体里的运动天赋和能量点燃了。合作一年多之后，在 2014 年仁川亚洲残疾人运动会上，刘翠青成为一匹黑马，包揽女子 T11 级 5 项比赛的金牌。2015 年世锦赛上，她再次赢得 4 项 T11 级别的冠军，并打破巴西选手保持了 10 年的世界纪录。

徐冬林的心态也在变化。最初，他给自己的定位是帮助者，来协助运动员比赛。在长年累月的相处和合作中，他开始把自己当作比赛的一分子，"是我们共同的比赛"。

他印象最深的是 2016 年里约热内卢残奥会，他和刘翠青第一次搭档参加残奥会。

女子 400 米小组预赛中，因发力不当，徐冬林的大腿严重拉伤，在床上躺了一天。决赛前，教练问徐冬林："你这个情况可能上不了场。腿要紧，是不是放弃？"徐冬林说，如果是一个人的比赛，他的脑海里会幻想放弃时的样子，或许会有一点北京奥运会上刘翔的感觉。但这是两个人的比赛，如果他不上场，刘翠青也跑不了。徐冬林心里过不去那道坎。他叮嘱刘翠青："你跟着我就行，就算走，我也会把你带到终点。"

56.31 秒的全速奔跑，徐冬林的腿疼到没有了知觉。他的半月板严重撕裂，腿部拉伤渗血，以第一名的成绩过线之后，紧绷的身体一下子放松下来，徐冬林重重摔在跑道上。但他很快爬了起来。刘翠青还等着他告知最后的成绩。

当两个人一起站上领奖台，升国旗、唱国歌时，徐冬林感到"一切都值得了"。作为一个曾经的运动员，奥运金牌以一种未曾想过的方式挂到了他的脖子上。

身处低谷时，怎么走都是向上——苏炳添

黑皮豆腐

2023 年 3 月 3 日，苏炳添入选"感动中国 2021 年度人物"，获奖致辞称他为"超出亚洲的速度"。这样的成就，他花了十年才取得，其背后的辛酸与痛苦鲜有人知。

苏炳添出生在广东省中山市的一个小村子，在别人还在玩泥巴的年纪，他却喜欢成天跟着年纪更大的孩子到处跑。

即便那时他的运动天赋早有显露，但没人想到，十几年后的他竟会成为家喻户晓的短跑运动员。

这一切的转折点发生在初中。那时他的成绩不太理想，哪怕课后经常被老师留堂补习，分数仍旧是立在那儿，一点挪动的迹象都没有。在学习方面备受打击的他，在运动方面却十分有天赋，超强的爆发力以及优秀的跳跃能力，让当时的体育老师一口断定，这一定是个体育的好苗子，得要！

在田径队中，苏炳添的身高并不具备优势，相对于其他手长腿长的体育生来说，还颇具劣势。但他的天赋弥补了他的身体劣势，这也意味着他拥有巨大的潜力。

他从初中的田径队到被宁德宝看中招入中山市体育运动学校，2006 年，

苏炳添参加香港短跑对抗赛，以10秒59的成绩夺得100米冠军。正是这接近运动健将的水平，令他被全国百米纪录创造者——袁国强教练看中。这是他在体育生涯当中的第二大幸运，但这幸运也是由他日复一日的训练堆砌而成。

在进入省队之后，他得到了更加专业与复杂的训练，这令他更加深刻地理解了，赛场上几秒就能决出胜负的短跑并不像看上去那般简单，专业知识技巧、实践指导以及专门制订的训练计划缺一不可。就这样，他的生活被一天天充实的训练填满，但经历过巅峰期的他察觉到，他的水平毫无长进。他付出的汗水与辛苦没有得到他想要的回报。经历过10秒59的巅峰期，如今次次11秒左右的速度，就连健将级水平的边也挨不着了。苏炳添预感自己似乎到了瓶颈期，他产生了一种前所未有的危机感，心里一直在回响一种想法：好像到顶了，没办法再进步了。第一次，他产生了退役的想法。他向教练打了报告，准备收拾东西回家。教练无奈，他劝导苏炳添再尝试尝试，在两个月后的比赛中检验一下是否真的就没有上升空间了。

苏炳添同意了，但让人意想不到的是，决定退役前的最后一场比赛，他打破了无法进步的桎梏，也正是这一次，看着自己的成绩，他推翻了之前的想法，原来人是可以突破极限的啊！

正是这一想法的加持，从此以后他的每次比赛，一直保持10秒左右的成绩，打破了大大小小各项比赛的纪录，甚至战胜了美国选手罗杰斯，他成了当之无愧的短跑无冕之王。成也10秒，败也10秒，在百米短跑比赛当中，即便是10秒的成绩，也拿不到世锦赛的入场券，因为黑人运动员的优势一直存在，那是苏炳添跨不过的生理极限。

亚洲短跑在过往基本上没有进入世锦赛的机会，这种独特的现象使得苏炳添夜夜辗转反侧。他与世界顶尖短跑选手的差距到底在哪儿？有没有什么办法能够弥补这种差距呢？苏炳添与中国大部分短跑运动员一样，一直保持着先加速、后降速的方法，前半段用力过猛，导致后半段力气跟不上，速度下降。因此，苏炳添想，既然身体优势比不过，那就另辟蹊径，从技巧下手。

在当时主流观点当中，短跑中的每一步分为三个过程，分别是后腿蹬地，身体腾空以及前腿接地。这种训练的方式，使得很多运动员取得11秒以内的成绩，却极少有人突破10秒的大关。苏炳添不甘心就这样带着遗憾退役，他查阅大量资料，观察了顶尖选手的起步与跑步姿势，同时请了国外专业团队为他量身定制训练技巧与计划。

但这种训练技巧与他以往惯用的发力方式截然相反，比如在起跑阶段，研究发现左腿在前更有利于运动员的发力，可以极大地缩短起跑时间。但一直习惯右腿在前的苏炳添极不习惯，左腿如何发力？他坚定地改掉以前的习惯，开始练习左腿发力，在此后的训练中，他甚至连刚入队的成员都跑不过。

在所有人都不看好的情况下，苏炳添经过不懈努力，终于改变了十多年的起跑习惯，而那时他的年纪已经接近退役时间，不再是运动员的黄金时间。苏炳添偏不信这个邪，他偏要向前，他坚信人是能突破极限的。他曾经突破过一次瓶颈，而这次依然无法使他屈服。

终于，在2015年北京举行的第15届世界田径锦标赛男子100米半决赛中，苏炳添突破了10秒，以9秒99的成绩成为首位闯入世锦赛男子百米决赛的亚洲选手。从10秒59到9秒99，他花了十年。

可惜好景不长，创造了9秒99的奇迹之后，苏炳添的身体状态突然变差，一度在病痛中沉沦挣扎，再也没有所谓的十秒奇迹。在全运会到来之前，他只想拿到最后一块金牌，光荣退役，电脑中是写好的退役报告。令他始料未及的是，在决赛前因为意外拉伤，痛失金牌，这样的遗憾重新燃起了他的决心，他给自己定了一个目标：一定要拿一枚金牌之后再光荣退役。这样的决心成为他不竭的动力，他决意要打破"到了年龄就要退役"以及"到了瓶颈就再难进步"的传统想法。

2021 年，苏炳添再次站在了东京奥运会的起跑线上，热烈的欢呼声在他耳边穿驰而过。终于，9 秒 83！苏炳添的大名出现在了运动场的大屏幕上，他竟以 9 秒 83 的成绩成功闯入百米决赛，创造了亚洲新纪录，取得了小组赛第二名。这样的成绩让全国都欢呼雀跃，这样的成绩不仅是中国，便是全亚洲大多数国家也刮目相看了。因为从第一届到第三十二届奥运会，苏炳添是第一个跑进百米决赛的亚洲人。这种奇迹让亚洲国家惊讶，原来亚洲人也能跑出如此惊人的速度！也正是这一跑，为他跑出了"亚洲飞人"的称号。最终，他终于在第四次参加全运会男子百米飞人大战中，以 9 秒 95 的好成绩成功夺冠，弥补了他曾与金牌失之交臂的不甘和遗憾。

在经历过两次突破极限后，32 岁的苏炳添坦言，他突破的从来都不是极限，而是他自己。人最大的敌人永远是自己，最了解自己的人永远是自己。在打败自己的方式上，自己永远都能找到痛击点。如果害怕蜘蛛，那么看见蜘蛛就会吓得跳起来；如果恐惧高度，那么走上透明栈道，永远会两股颤颤。

可是谁能保证永远不会遇见蜘蛛，又有谁能保证这辈子都不会踏上高处呢？所以就不看了，不去走了吗？还是得看，得去的。无论遇见的是乍看跨不过的艰险，还是逃不开的阻难，都不要想着逃避，要直面它、正视它，努力地战胜它。人生没有坦途，但你自己可以踏出一条路来。

你不放弃，失败就不是结局——张伟丽

福 森

有这么一个"90后"女孩，她留着短短的头发，一身的肌肉，她用她的拳头打破了"女性是柔弱的"这个刻板印象，让全世界看到亚裔女性的坚韧和力量。她叫张伟丽，从北漂打工妹到世界格斗冠军，在追逐梦想的道路上一次次被打击，又一次次重新站起来。

世界冠军的"热辣滚烫"剧本

1990年9月，张伟丽出生于河北邯郸一个煤矿工人家庭。河北邯郸是杨氏太极拳的诞生地，这里一直流传着习武风尚，加之当时武侠片盛行，在这种环境下，8岁的张伟丽成了一个小武痴，央求着妈妈送她去武校。家人觉得张伟丽年龄太小，而且练武太苦，就没有答应她。直到张伟丽12岁时，妈妈带着她走亲戚，亲戚看到伟丽说："你应该把她送去学武，你看她就跟男孩子似的，是金子到哪儿都发光。"妈妈被说动了，就问她还想不想去，小伟丽不假思索地说："想！"就这样，张伟丽如愿以偿进了武校，不久后便在河北省青年散打比赛中一举夺冠，崭露头角。

然而天有不测风云，17岁那年，张伟丽因为在一次训练中不慎腰部受伤，被迫提前退役。退役后，个性倔强、独立自主的张伟丽拒绝了父母的经济支持，选择背起行囊，独自去北京谋生。由于缺乏文化知识，她在求职过程中遇到了很多困难，她做过幼儿园老师、旅馆前台、保镖和收银员……她感到自己并不适合这些工作，她逐渐意识到，心中的那个"武侠梦"始终在。

终于，她在健身房找到了可以承载和延续梦想的舞台，那就是擂台区。张伟丽每天早上6点起床，坐上一个半小时的地铁，来到健身房的擂台区做大量的训练，再开始她的一天。因为有良好的武术和散打基础，加上不懈的努力和坚持，张伟丽被健身房教练曹学军发掘，并在其引导下成为一名格斗运动员。初始，张伟丽格斗竞赛的出场费极低，但为了梦想成真，她还是果断地辞掉了工作，全心全意地投入到训练参赛中。

从"出师不利"到"一鸣惊人"

2013年，23岁的张伟丽迎来了个人MMA（综合格斗）生涯的首场比赛，以业余选手的身份顶替应战，但由于缺乏专业MMA训练，结果以失败告终。此后，她加大训练强度，每天总要比别人更早地开始、更晚地结束。终于在2014年，她接到了第一场商业比赛。但正是因为她太重视这次机会，加班加点地训练，导致腰部受伤严重，不得不放弃这次比赛。彼时的张伟丽，没有工作，身边没有家人，也不能比赛，内心感到无比痛苦与无助。

2015年12月，张伟丽终于迎来曙光。在昆仑决赛事上，她表现突出，一鸣惊人，成功击败法国选手基恩·弗朗索瓦，为自己的职业生涯取得了首场胜利。在随后的比赛中，张伟丽屡战屡胜、大放异彩，先后夺得了女子53公斤级的金腰带，卫冕草量级冠军金腰带，问鼎昆仑决女子蝇量级世界冠军。张伟丽的辉煌战绩迅速引起了世界顶级MMA赛事UFC（终极格斗冠军赛）的注意，他们向她发出了参加国际赛事的邀请。2018年，张伟丽成功签约

UFC，开启了新的征程。

从"跌落谷底"到"重回巅峰"

2019 年 8 月 UFC 草量级（115 磅）比赛，张伟丽对决巴西选手杰西卡·安德拉德。当时的世界冠军安德拉德是一个可以直接把对手脖子轻松拧断的猛女，但是在与张伟丽的比赛中，张伟丽仅用 42 秒就 TKO 对手，夺得 UFC 草量级世界冠军金腰带，成为中国首个也是亚洲首位 UFC 世界冠军。这一战轰动了综合格斗界，张伟丽进攻招式猛烈且精准，彻底打破了"亚裔选手弱势"的言论。

张伟丽在稳居 UFC 排行榜首位时，波兰名将乔安娜·耶德尔泽西克一直对她虎视眈眈，试图挑战她的霸主地位，在赛前不断对她进行挑衅侮辱。2020 年的 UFC248 比赛中，乔安娜偷袭张伟丽的右脸，接着又用高踢腿和"铁头功"连续攻击张伟丽的下巴。但张伟丽很快进行了绝地反击，以连环重拳让乔安娜在数十秒后就变成了"寿星公"。最终，张伟丽赢得了这场比赛，她身披国旗，对着台下的观众们高声呐喊，仿佛在向世界宣告中国力量。当看到一旁落寞的乔安娜时，张伟丽并未落井下石，而是给了她一个充满鼓励的拥抱，展现了一名武者的非凡气度。这场"尊严"之战，不仅让张伟丽成功"出圈"，也让格斗竞赛越来越为国人所知。

前进的道路上并非总是一帆风顺，2021 年，张伟丽进入了职业生涯低谷。她在美国佛罗里达州举行的女子草量级比赛中，第一回合就被罗斯·娜玛尤纳斯高扫命中头部倒地，卫冕失败，也失去了金腰带。不过，真正的强者不是从未失败过，而是在失败后能够重新站起来。这次的"滑铁卢"反倒促成了张伟丽心态上的华丽转变，她在那些失误失利中学习经验，不断突破自身的恐惧、极限，真正地实现了自我超越。

　　此后不久，张伟丽再次迎来了自己的辉煌。2022年6月，她重获UFC草量级金腰带挑战权，并在同年11月夺回了阔别一年半的世界冠军金腰带；2023年、2024年连续卫冕女子草量级冠军。"第一次赢得冠军就是梦想成真，无数次在训练太累、支撑不下去的时候幻想的场景，那个画面成真了。第二次赢得冠军是战胜了自己的感觉，觉得那些汗水、泪水都值了，一切都从容了。"回想着前后两次的夺冠之路，张伟丽感慨道。

　　张伟丽在八角笼内的拼搏与努力，让她赢得了"世界女武神"的称号。这位八角笼中万众瞩目的王者激励着女性，要勇敢地追逐心中的梦想，只要不怕失败、坚持不懈地全力以赴，一定能迎来辉煌的明天。

肆

英雄来自人民，
梦想长照征途

让中国密码学走在世界前列——王小云

王 丽

2019 年 9 月 7 日，第四届"未来科学大奖"揭晓，密码学家王小云获得"数学与计算机科学奖"，成为该奖项开设 4 年以来的首位女性得主。10 多年来，王小云破解了 5 个国际通用 Hash 函数算法，在相关领域引起巨大轰动。能够取得如此大的成功，王小云也有自己的成功密码，正如她所说："一个人能够坚持 10 年做一件事，一定能做成。"

结缘密码学

1966 年，王小云出生在山东诸城一个农村家庭。父亲是一名数学教师，他非常注重培养孩子们对数学与化学的兴趣，像"鸡兔同笼"这样稍微复杂的数学题目，他都会鼓励孩子们尝试解答。受父亲的影响，王小云从小便对"数理化"产生了浓厚的兴趣。

考入山东大学数学系后，王小云身上潜藏的"解密天赋"日渐显露。一次，老师给了大家一个关于印度数学家斯里尼瓦瑟·拉马努金未经证明的数学公式题。一个成绩优异的同学整整用了一个月才做出来，而且证明方法非常复杂，王小云却只花了一周时间就用最简单的方法证明了这个公式。

老师非常欣赏王小云，将她推荐给著名数学家潘承洞院士。王小云说，在山东大学，潘承洞招收的学生都是数学系最优秀的。

1987 年，王小云考取了山东大学研究生，专攻解析数论方向。一年多后，在潘承洞院士的建议下，她将研究方向从"解析数论"转向了新兴的"密码学"。深厚的数学功底为王小云进行密码学研究奠定了扎实的基础。

时至今日，王小云仍为自己当初的选择而自豪，国家的需要就是她做科研的重要动力。在《开讲啦》节目中，王小云说自己的梦想是永远不忘初心，做好整个国家的密码保障工作，把我们的密码防御体系布局在国家的重要领域。

破译全球最安全的密码

对王小云来说，一个全新的研究方向，意味着一切都要从零开始，其难度不言而喻。好在她有强大的数学知识体系做支撑。经过多年的潜心钻研，她先后破解了 HAVAL-128 和 RIPEMD 等算法。接着，她和密码学专家安东尼·茹几乎同时独立破解了 SHA-0。而这三种密码，都是当时国际上非常领先的加密算法。

科研永无止境，王小云还有更远大的雄心壮志，她要破译国际公认最先进、最安全的密码。

那时，世界上应用最广泛的两大密码是 MD5 和 SHA-1，这是由美国标准技术局颁布的算法。尤其是 MD5，被广泛应用于全球计算机网络，运算量巨大，即使采用现在最快的巨型计算机，短期内也无法破解。

王小云的第一个大目标，就是破解 MD5。可这是极难的挑战，在她之前已经有不少顶尖密码学家尝试破译 MD5，有的甚至已经摸索了十几年之久，始终没有突破性的成果。因此，MD5 也被称为"密码学家最无望攻克的堡垒"。

但王小云不相信 MD5 真的那么牢不可破。

2004 年，在美国加州圣巴巴拉召开的国际密码大会上，全球密码学界因一位中国女性而轰动，因为她破解了全球最安全的密码——MD5！她就是王小云。

当王小云站在台上，宣布成功破解 MD5，并拿出诸多有力证据的时候，会场突然陷入一片寂静，接着全场嘉宾都站了起来，随之而来的是排山倒海般的掌声。随后，王小云在和其他国际专家讨论到 SHA-1 时，研究 Hash 函数的著名专家多伯丁骄傲地说，这个密码他能破解 57 步，其他人只能到 40 步。王小云心想，那也未必，便随口说了一句"我回去试试"。

他们做梦也想不到，在宣布破解 MD5 不到半年，王小云将美国人认为天衣无缝的密码 SHA-1 也破解了，且只用了两个多月！在 2005 年美国召开的国际信息安全研讨会上，王小云抛出了这个让人意想不到的成果，再次引发巨大轰动。

为此，国际专家评价："王小云教授的出现，让全世界的密码学专家不得不跟着中国跑！"

做好中国的密码保障工作

王小云的厉害之处在于，她破解密码有着与众不同的方法。在大家都借助电脑破密时，她始终坚持手算，包括那两个国际最安全的密码，也是她用大量的手算攻破的。

针对 MD5 和 SHA-1 的破解，王小云表示："在公众看来，密码分析者很像黑客，其实二者有着明显的区别。黑客破解密码是恶意的，希望盗取密码获得利益。而我们的工作是为了寻找更安全的密码算法。中国人追寻先进技术从来不是为攻击别人，而是为了保护自己。"

之后，美国方面专门召开研讨会议，向全球密码学家征集新的 Hash 函数标准的竞争策略，邀请函也送到王小云手中。但她毅然放弃了这个在国际科研领域更进一步的机会，因为在她心中，自己不仅是一名密码学家，更是一名中国的密码学家，国家才是第一位的。

2005 年，王小云主持设计了中国首个 Hash 函数算法标准 SM3，经过国内外顶尖密码专家评估，它的安全性极高。该算法在中国金融、交通、电力、社保、教育等重要领域得到广泛应用，并于 2018 年 10 月正式成为 ISO/IEC 国际标准。最令王小云高兴的是，国家网络安全体系在行业标准化道路上不断前进。SM3 发布之后，30 多项密码相关领域的行业标准相继出炉，国家对网络安全问题的认识越来越清晰深刻。

凭借在密码学上的突出成就，2017 年，王小云当选为中国科学院院士。

带着孩子搞科研

令人钦佩的是，王小云不光是一个了不起的密码学家，更是一位称职的"宝妈"。她有许多重大的科研成就，都是在带孩子的同时完成的。

在繁忙的科研工作之余，王小云对生活质量要求很高，而且从来不打折扣：她每天要拖两三次地，像所有的妈妈一样将家里收拾得井井有条；家中阳台上一年四季都有鲜花；在照顾刚出生的女儿时，也不忘抽空给自己来一杯现磨咖啡。

自从有了可爱的女儿，王小云每天晚上忙完家务，还要哄女儿睡觉。哄睡女儿之后，她就会坐在桌前，开始演算各种密码的破解方法，经常工作到深夜。

记得有一次，王小云的攻关时间长达 3 个月，而那段时间恰好她爱人在美国做博士后。"那段日子，经常是在深夜的时候精神正足，考虑到第二天女儿还要上学，不得不怀着遗憾的心情去休息。第二天送女儿到幼儿园后，赶紧回家继续寻找新的攻关路线……"就这样，在抱孩子、做家务的间隙，各种密码可能的破解路径就在王小云的脑中盘旋，一有想法她就会立即记到电脑里。

在破解一系列国际密码算法的十几年中，王小云慢慢带大了女儿，还养了满阳台的花。

如今，王小云仍工作在第一线。每天到办公室跟学生讨论问题，已成为她的一个习惯。对王小云而言，密码研究是兴趣与社会责任的完美结合，也是她生活的重要组成部分。王小云说："数学和密码的交叉研究，是我这些年来一直想推动的，我也支持很多人，包括我的学生继续做这方面的工作。"

目前，王小云的主要研究领域是 Hash 函数，Hash 函数是区块链中最为核心的密码技术。正如王小云所说："没有 Hash 函数的概念，就不可能有区块链的概念。全球计算机网络、计算机系统电子签名，还有众多的密码系统都使用 Hash 函数。没有 Hash 函数，这些算法和系统就会产生安全问题，出现安全漏洞。"

"一个人的研究时间太有限，也就几十年。培养出更多优秀的学生，才可以使这项研究不断延续下去，使中国密码研究更长久地走在世界前列。"王小云说，她余生的梦想是带领学生构筑好密码防御体系，使我们的国家更安全，使人民的幸福生活得到保障。

难走的路都是向上的路——丘成桐

王京雪　吉　玲

数学家丘成桐一直在尝试攻克一道难题。

如果从 2022 年 4 月 20 日，清华大学宣布他受聘全职任教于清华园，同时从哈佛大学退休算起，这道题他已"全职"做了 3 年。

如果从他离开美国，偕夫人安家清华园算起，这道题他已专心致志地研究了 5 年。

如果从 1979 年，他首次回国做学术访问，开始在心底求解这一道题算起，他为此已工作了 40 余年。

这道题是：如何在中国培养出世界顶尖的数学家。

今年 76 岁的丘成桐，是一位兼具雄心与耐心的卓越解题者，目光一向聚焦于重要、意义深远又难解的大问题。做数学家时如此，做教育家时同样如此。

传　世

丘成桐在清华大学的办公室位于静斋二楼的走廊尽头。

这座得名于《大学》"知止而后有定，定而后能静"的古朴小楼，就在因朱自清的散文《荷塘月色》而广为人知的荷塘东边。

办公室的门总是敞开的，访客进进出出，入眼的是堆满桌子的书籍、材料。桌子一角放着血压计，地上还有一组哑铃。可以想象，丘成桐每天在这间屋子里度过多少时光。

和人们印象中一些数学家的"害羞而避世"不同，作为华人数学界的领军人物、全球最具影响力的数学家之一，近年来，丘成桐花了大量时间与公众沟通。

他写科普书、出版自传、办讲座、组织和参加与数学相关的活动。他接受了不少大大小小的采访，不厌其烦又直言不讳地回答被问了一遍又一遍的问题，多数涉及人才培养与数学教育。

"我想将中国的数学搞好，这需要打破很多现有规则。我不表达出来，就没法把我的想法传递出去。"丘成桐说，他从不为采访提前准备发言材料，"我就直接讲我的看法，有时我讲得太直接，但我讲的都是真实的话。"

"很多数学家比较害羞，不太爱讲话。"丘成桐说，"但我14岁时父亲去世，要谋生，要去外面找事做，要去闯天下。我晓得我要自立，必须靠自己完成许多事情，还轮不到我害羞。"

丘成桐的父亲丘镇英是哲学教授，小时候，丘成桐跟随他阅读中国文史典籍，练毛笔字，旁听他与学生交流。"听父亲讲那些影响后世的古希腊哲学家的故事，我希望自己也可以做出传世的学问。"

"我在数学上或有异于同侪的看法，大致上可溯源于父亲的教导。"丘成桐表示，"父亲去世后，我想人生在世，终需要做一些不朽的事吧。"

相较之下，他认为物质上的东西——吃穿用住都不怎么紧要，对他也没什么吸引力，他所追求的是比物质珍贵得多、难得得多的东西。比如，在历史上亲手刻下指向永恒的深痕。

如果要在数学家丘成桐和教育家丘成桐身上找到最重要的共同点，那大概是这一点：他要缔造"传世之业"。这意味着，必须甘冒风险，百折不挠，挑战真正重要的难题，去啃那些"硬骨头"。

父亲的早逝是丘成桐一生的转折点。彼时本就清贫的家庭更是陷入窘境，有亲戚劝丘成桐的母亲让子女退学去养鸭子，被母亲坚决拒绝。

丘成桐加倍努力地读书，同时靠做家教贴补家用，但他丝毫没动摇过成为大数学家的念头。"我常常感到很奇怪，为什么现在很多年轻人会怀疑自己、对自己没信心。就我而言，我从没问过自己行不行，从中学起，我觉得只要是我想做的事，就能做成。"

他读能找到的所有数学书，做书中的所有习题，找各种感兴趣的问题尝试解答，为去另一所大学听一小时课，花两小时坐火车、乘船、转公交车……勤奋的态度和对数学的热情从未改变。后来他去了美国，还是会控制吃饭的时间，会从早到晚泡在图书馆，会驱车3小时去听一场学术讲座。

尽管被视为"天才中的天才"，丘成桐本人却并不认同天才之说。"我做东西很慢，"丘成桐说，"我从没觉得自己是天才。媒体有时会夸大数学家一些奇怪的方面，很多所谓的天才，最后并没做出了不起的成绩。"

他认为数学家要做出成果，天赋只占成功要素的三成左右，更要紧的是持之以恒的努力、耐心和对数学的兴趣。

愿 景

1979年，丘成桐应中国科学院时任副院长华罗庚的邀请，回国进行交流访问。到了北京，走出机舱，他俯下身去触摸地上的泥土。后来，丘成桐回忆："我不是一个性情中人，时时都会收摄心神，那次竟会有如此的举动，连自己也感到惊讶。"这一年，他30岁。

丘成桐在自传中写道，首次回国之旅后，"我对一个人能发挥什么作用一筹莫展。但我还是希望能竭力相助，哪怕是一丝一毫都好。只要大家共同努力、众志成城，也许有一天能有所成就，扭转乾坤"。

从此，他把推动中国数学的发展、提升中国在科学领域的声望视为自己科研之外的事业与使命。作为中国数学教育的观察者、批评者和建设者，他同中国的数学事业一道，走上一条漫漫长路。

1979年后，丘成桐每年都要回国待几个月。最初，他感觉自己能尽上一把力的就是利用休假时间多回国交流讲学，没过几年，他开始招收来自中国的留学生，希望帮助一些出色的人才获得进入世界顶尖学府做研究的机会，一如自己当年。

在与中国学生的多年接触中，丘成桐发现一个严重问题。"我问清华、北大的学生，你对数学的哪个方面最感兴趣？结果他们讲的几乎无一例外都是高考题目，或者奥数题。"

他认为，当下的中学生需要花整年整年的时间去准备中考、高考，很多人没时间读考试之外有价值的文献，问不出有趣的问题，逐渐失去了对数学的兴趣，而兴趣对一个想有所作为的数学家至关重要。如丘成桐所言，他所做的重要课题，每一项都要花5年以上，没有兴趣如何坚持？如何投入？如何屡败屡战而热忱如初？

为激发中学生对数学研究的兴趣，2008年，丘成桐设立"丘成桐中学数学奖"（后发展为"丘成桐中学科学奖"）。不同于一般竞赛，参赛者可自行选择感兴趣的题目，以提交研究报告的形式参赛，充分体会一把做科研的滋味。

留意到中国大学生数学基本功的欠缺，2010年，他又发起"丘成桐大学生数学竞赛"，全面考察参赛大学生的数学基础知识和技能。

为加强海内外华人数学家的联系，他还发起了ICCM（世界华人数学家联盟大会），创办有"华人菲尔兹奖"之称、颁给45岁以下华裔青年学者的"晨兴数学奖"。

为鼓励更多女生投入数学学习，培养女性数学家，2021年，他又发起了"丘成桐女子中学生数学竞赛"……

"数学是所有科学的基础，没有强大的数学基础，就没有良好的科技。"丘成桐阐述发起计划的初心，"我这一辈子只有两个心愿，一个是成为大数学家，另外一个是提升祖国的数学水平。在国家的领导下，众志成城，我有信心完成这个愿景。"

水不到，渠不成

丘成桐喜欢跟年轻人在一起。"我在美国50多年，培养了70多个博士。回到中国，我还是希望培养一批年轻人，我觉得这是很大的事。"

尽管事务繁忙，可只要时间允许，他每周一晚上都会为学生们讲一个半小时的数学史。他认为一些数学家的研究方向太过狭窄，究其原因，是对数学的潮流和古今中外的学科发展不够了解。学习数学史，能够打开视野，同时，也能看到历史上伟大的数学家们是如何走出自己的路的。

丘成桐还定期带学生们游学。他们去安阳看甲骨文，去西安看兵马俑，去曲阜看孔庙……在路上切身感受各地的风土人情和历史文化。游目骋怀之余，丘成桐设立"求真游目讲座"，让学生们走进各地中小学，为孩子们做数学史讲座，既向公众科普数学知识，又锻炼学生的表达能力。

为培养未来的领军数学家，丘成桐竭尽所能，向国内全职引进数位当今学界的顶尖学者。他认为大师带给学生的不仅是学问，还有宏观视野和思考问题的高度。

时代在改变。46年前，丘成桐首次回国，虽然有心培养数学人才，但很多事情还做不到。随着国内各方面条件的成熟，丘成桐说，从二十几年前起，越来越多的人才开始愿意留在国内。近 10 年，特别是近 5 年，中国数学人才有了显著增加。

"我们现在有机会做这些事了。中国在发展，我做的事也根据发展的情形变化，水不到，渠不成。"丘成桐说。

多言多动

偶有闲暇，丘成桐将读古文当作放松，间或也会进行创作。

他为清华大学 2020 届毕业生写赠语："即今国家中兴之际，有能通哲学，绍文明，寻科学真谛，导技术先河，并穷究明理，止于至善，引领世界者乎？骊歌高奏，别筵在即，谨以一联为赠——寻自然乐趣，拓万古心胸。"

2022 年的夏季是首批"00 后"大学生的毕业季，有媒体请丘成桐写寄语，他写下"多言多动"。

这多少有点顽皮。想当年，丘成桐刚进初中，因为爱在课堂上说话，第一学期得到的老师评语就是"多言多动"，第二学期是"仍多言多动"，到了第三学期才"略有改进"。

写寄语时，丘成桐解释了他所提倡的"多言多动"："'多言'是多做一些有意义的发言，'多动'是希望你们多参加一些能够增长智慧的活动。"

14 岁立志成为大数学家，距今已过去 62 载，丘成桐依然为数学的真与美激动。那是令他痴迷一生、流连忘返的世界。

"数学家追求的是永恒的真理，我们热爱的是理论和方程。它比黄金还要珍贵和真实，因为它是大自然表达自己的唯一方法；它比诗章还要华美动人，因为当真理赤裸裸地呈现时，所有颂词都变得渺小；它可以富国强兵，因为它是所有应用科学的源泉；它可以安邦定国，因为它可以规划现代社会的经络。"在丘成桐为数学家写下的"文字肖像"里，人们能够透过这位杰出数学家的眼睛，读出他对数学那具体而炽烈的爱。

丘成桐仍然有想要解决的数学问题，也仍在为此努力。"但我现在年纪大了，计算能力比不上从前了。"他坦然承认。

如今，丘成桐的绝大部分精力都已投入教育事业。在这个他同样饱含热情、耕耘了数十载的领域，为解决一些重要问题，他始终不屈不挠、乐此不疲。

"未来，我们会有一批很优秀的学生完成学业，我希望三四年后，他们中间就有人能够写成好的文章，完成重要工作。这是有可能的，我拭目以待。"丘成桐说。

要达成目标并不容易。事实上，正如丘成桐所言，"完成任何重要而有意义的工作都很困难"。但这位数学家身上最不缺乏的，或许就是解出常人认为不可能解出的难题所必需的能力：智慧、洞察力，以及非凡的耐心与勇气。

"我研究数学时也是这样子，有意义的学问要做十年八年才能成功。所以我不怕中间有困难，我会继续做最重要的事。"丘成桐说。

读书真的可以改变命运——桂海潮

王耳朵

"神舟十六号"载人飞船飞天，一个名字引发热议：桂海潮。

为什么？

他是中国空间站首位载荷专家，是中国首位非军人航天员，年仅 31 岁就成为北京航空航天大学的博士生导师……

和桂海潮一同冲上热搜的还有一个地名：云南省保山市施甸县姚关镇。

那是桂海潮的家乡。

从施甸县县城出发，需要走 20 多公里的蜿蜒山路，才能到达姚关镇。

一条老街贯穿整座小镇，桂海潮的家就在老街的一头。

直到现在，老街上还矗立着几间土木结构的老房子。

这里确实不富裕，但是只要你打听"桂海潮"，总有人骄傲地告诉你："他是这条街上出的名人！"

桂海潮成为航天员的消息传到小镇后，施甸县的宣传部门将桂海潮从小到大每一次升学的毕业合影，都发布在官方账号上。

我也是"85 后"，也曾从山村里走出，知道一张毕业照对一个农村孩子的意义有多大。那些校园时光有太多的酸甜苦辣，也许上一秒还和你一起学习的小伙伴，下一秒就因为不同的际遇和你天各一方。又或许，有些人穷尽一生，也走不出大山。

桂海潮上中学时的一位邻居，在网上提及一段往事。

当年，他家的厨房，就对着桂海潮上高中时住的那间小屋。每天吃晚饭的时候，他都会听到桂海潮大声地背课文。他小时候很贪玩，经常被老爸揪着去看桂海潮学习。

透过那扇小小的纱窗，他从没想过自己目睹的是一位航天员的成长。

从桂海潮中学老师的口中，我发现了他身上除"勤奋"以外的两个特质。

第一，缠。他总是在考试结束后，"缠"着老师讨论难度比较大的题目。除此之外，他还会和老师讨论一些比较前沿的物理问题。

第二，莽。桂海潮是课堂上的积极分子。只要老师提问，他都会积极回答。答错了，他会向老师请教。

毫无疑问，桂海潮不是一个只会死读书的人。

千军万马过独木桥后，你会明白：永远不要低估一个孩子的求知欲和勇气。

《中国少年儿童百科全书》是桂海潮年少时最喜欢看的书。

他被书中"中国航天之父"钱学森的故事深深感动，对头顶的那片天空心驰神往。

2003年10月15日，"神舟五号"载人飞船发射成功。当时还在读高二的桂海潮激动万分，那一刻，有一颗种子在他心头萌芽。

桂海潮的高中物理老师段必星说："桂海潮的高考理综考了275分。他不偏科，每科成绩都十分优秀。"

当年，桂海潮是县里的高考理科第一名，以他的成绩是可以报考北京大学的。但是，填志愿时，他毫不犹豫地选择了北京航空航天大学宇航学院飞行器设计与工程专业。

为此，桂海潮的班主任还特意拉上桂海潮的父母，一起劝他修改志愿。

志愿填报的截止时间是次日零点，他们一直劝到晚上 11 点多，可桂海潮没有一丝一毫动摇。

桂海潮用了 9 年，从本科读到博士。之后，他又去国外从事博士后研究工作，其间，他发表了近 20 篇 SCI 学术论文。

3 年后，桂海潮毅然选择回国。

面对国内各名校发出的邀请，他毅然选择和 12 年前的那个云南少年并肩同行：去北京航空航天大学。

桂海潮分享过自己参加航天员训练时的经历。

他的体能素质和航天技能，比不了从空军飞行员队伍里选拔的航天员。

一次，他需要负重数十公斤，在沙漠里徒步 5000 米抵达目的地。没想到，刚走一半鞋底就脱落了。而前一晚，他刚结束两天两夜的沙漠生存训练，另一只鞋底也打了"补丁"。最后桂海潮坚持穿着"张开大嘴"的鞋子，在炎热的沙漠中走了整整两个小时。

这就是桂海潮超强的毅力。

桂海潮的学习和工作生活并非我们想象的那般沉闷。

高中时，篮球场上有他奔跑的身影；大学时，他担任过 2008 年北京奥运会志愿者；他平时还酷爱书法，就连博士毕业论文答辩公告，也是他用毛笔写的，别具一格。

最近，有很多人在讨论桂海潮成为航天员的意义。有两条网络评论特别打动我。

一条来自社交网站的用户："一下子就觉得每年捐助云贵山区的孩子读书这件事更有意义了。帮那些孩子一点点，谁知道将来会不会又走出优秀的人才……"

另一条是桂海潮的初中母校发布的短片。孩子们在老师的带领下，一起观看"神舟十六号"载人飞船飞天的视频。面对镜头时，一个个少年，眼中有光、心中有梦。他们激励自己努力学习，未来也要成为像桂海潮那样了不起的人。或许就连桂海潮也没有想到，他的一趟"太空出差"，会让全县乃至全国沸腾。

有网友留言："那座小镇上的很多人可能没去过北京、上海，大城市离他们很远很远，但他们知道，现在有一个'我们镇上的孩子'上太空啦！"

读书可能无法改变所有人的命运，但是如果你没有太多选择的余地，不妨去读书，去参加高考，去上大学……即便由于个体的天赋不同，你无法成为桂海潮，也去不了茫茫寰宇，但是你一定能够触碰到属于自己的那片天空。

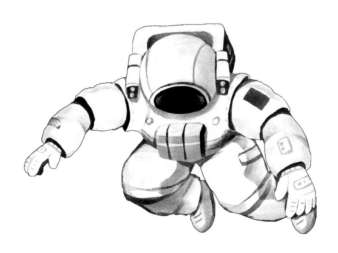

可以慢，但不能停——徐颖

肖　睿

4岁上小学，16岁上大学，26岁博士毕业，32岁成为博士生导师，曾任北斗试验系统分系统主任设计师，现任中国科学院空天信息创新研究院研究员、中国科学院光电研究院导航技术研究室副主任，徐颖的人生在很多人眼里都是"开挂"般的存在。

2016年，一次偶然的机会，她做了一场名为《来自星星的灯塔》的科普演讲，收获了超过2000万次的视频播放量。

2017年，她和航天英雄杨利伟、中国科学院院士欧阳自远等人一起，被评选为"科普中国形象大使"。2022年，她又荣获第26届"中国青年五四奖章"。

在这些光鲜的荣誉背后，徐颖说自己只是北斗系统工作者中普通的一分子，对于"北斗女神""科学家"的称呼，她总是笑着婉拒："我觉得我现在肯定不算是一名科学家，只能说是一名青年科研工作者，再过几年呢，可能我就会变成一名中年科研工作者。"

默默"拧螺丝"的人

如果用最简单的话来描述北斗的根本意义，徐颖会用三个字：守国门。

"对，就是守国门、守命脉的事情。"徐颖解释，"卫星导航定位系统其实是一个时空的服务者，它告诉我们时间、空间，保障了我们的生活运转，更关系着国计民生、国防安全乃至主权独立，是非常重要的一个基础设施，我们一定要把它构建在自己建立的系统基础之上，不能把命脉交到别的国家手里，这就是北斗存在的最根本的价值。"

20多年的时间，400多家研发单位，30多万科研人员……徐颖觉得，北斗就像一艘巨轮，不仅需要先进的思想、技术、管理来做巨轮的"中枢"，更需要在每个岗位上默默"拧螺丝"的人，秉持实干精神，保证把自己手中的"螺丝"拧到最稳，永远不掉、不出问题。"正是这些看似微小的细节和千千万万埋头实干的人，才组成了这样一艘巨轮，保护着它安全、可靠、有效地往前走。"

在徐颖眼里，导师们都是实干型的人。"哪怕得了国家技术发明奖一等奖，或者任何奖项和荣誉，他们都还是会关注科研工作中最基础的问题。有时候在实验室，导师可能觉得我们焊的板子有一些细节不是很符合要求，便会亲自上手去做，直到满意为止。"

在北斗人身上，这样的实干精神是一脉相承的，徐颖还听过一个令她记忆深刻的故事，是关于北斗卫星导航系统工程原总设计师、"共和国勋章"获得者孙家栋院士的：在一次北斗卫星调试中，卫星组装出了一点问题，当时已经80多岁高龄的孙家栋院士立刻就跪在地上，亲手检修卫星的底部。

"在这些前辈身上，这种务实的作风体现得淋漓尽致。在北斗的每一个项目中，每一个总工程师都能够深入技术的最底层，不会飘在上面。有的人可能觉得，我们这个领域，讲太空、讲宇宙，都是些'诗和远方'这样很宏大的话题。但当你真正去做太空探索这件事的时候，你会发现落到工程上，可能就是焊一个器件、调一行代码，它是会落地的，会落得非常扎实。"

从老一辈北斗人身上学来的精神，徐颖也传授给了自己的学生。徐震霆是徐颖的研究生，目前的研究方向是卫星导航接收机。跟随徐颖做科研，徐震霆最大的收获就是学习到了对待科研的态度。

除了严谨务实，徐颖教给学生的第二件事是"要耐得住寂寞"。与北斗相伴的十几年间，徐颖一直保持着很高的工作强度。周末和节假日，泡在单位加班对徐颖来说也是家常便饭。

"耐得住寂寞，一定是做科研的基本素质。因为科研工作是一个周期非常长的事情，可能要很久才能得到一点反馈。如果是那种'恨不得我今天干的事明天全世界就来夸我'的性格，那么这个人可能就得换一个行业。"但在徐颖看来，这其实也是一个具有两面性的事。"周期长其实也意味着科研生命可以很长，可能到 60 岁、70 岁，甚至 80 岁，还能持续地做这件事情，并且过往积累的经验会给你带来更有力的支撑"。

打破性别天花板

和北斗面临诸多质疑一样，作为女性，徐颖也曾面临过关于性别的质疑。

那是她在博士毕业找工作期间的一次面试，面试官对她说："你可以反驳我，但是我觉得女生不适合做科研。"听到这句话，徐颖的第一反应是愣了一下："我知道也许很多人心里这么想，但是这么直白地表达出来的还是比较少见的。"想了想，徐颖回复道："我觉得没有不适合做科研的性别，只有不适合做科研的人。"

事实上，这样全凭感觉的判断，对很多女孩来说并不陌生。在徐颖的组里读研三的陈静茹曾经观察过，高中时她所在的理科班里女生和男生比例是

3:4，到了大学的理工科专业则是3:7，等到了研究生的班里，这个数字变成了1:10。"好像大家天然地认为，女生就应该学文科，应该从事更'安稳'的职业。"

徐颖无法认同这种对性别的刻板定式，但她的态度更冷静。"有人认为这是一种性别歧视，我可能会觉得它更多的是一种思维定式。就像大多数人认为女生不适合学工科，同样也会有人说男生不适合学护理。似乎所有人都默认男生更适合做一些需要逻辑思维、体力消耗大的工作，而女生则适合去做需要细致、有耐心的工作。实际上换个角度来看，为什么大多数人会这么想，肯定还是因为女生学工科的少、男生学护理的也少，这其实就是一个群体概率和个体的情况。也许对于群体来讲，80%的女生都不适合学工科，但是对于个体来讲，落到一个人身上的概率可能是0，落到另一个人身上则可能是100%。所以说群体概率在个体的选择面前是没有意义的。判断自己能不能做科研的依据是：是否对未知的世界充满好奇，是否在煎熬的时候选择继续，是否有勇气随时从头开始。要不要走这条路、合不合适，由自己来决定，不由其他任何人来决定。"

在徐颖看来，科研界恰恰是一个特别容易打破性别天花板的地方。"因为在科研界，一切都要靠最后的成果来说话，每个人都需要做出点东西，才能支撑自己的观点，这不会因为性别而有所改变。而当你站在太空的角度思考问题，很多事情好像就更不值得讨论了。你看着星空，就一点儿都不屑于反驳'女孩不适合做科研'这样的话，你只会觉得，任何一个人都应该有机会去靠近、去探索。星空多广阔啊，每个人在它面前都是平等的，它只管接受你的来意、你的志向，从来不会问你是男是女。"

陈静茹很庆幸自己能成为徐颖的学生："能跟着这么优秀的老师求学，我觉得特别幸运，老师常常跟我们说一句话，'求其上者得其中，求其中者得其下'。她告诉我们，不管做什么事情，目标一定要定得高一点儿，不要因为自己是女生就放低追求的标准，这样哪怕完成不了自己本来的目标，起码结果也不会太差。老师就像一个'六边形战士'，在她身上我收获了很多的女性力量。"

徐颖曾多次被问及："作为一名女性，如何平衡工作和生活？"面对这样的问题，她总会露出无奈的笑容，她说："似乎从来没有人这么问男性。这其实是另一种思维定式，也是大众对女性过高的期待，希望女性在工作之余还能照顾好生活和家庭。事实上工作和生活是没办法平衡的，因为每个人的时间都有限，花在一件事上的时间多了，那么给另一件事的时间自然就少了，不可能什么都选，只能做好选择，然后对所选的事情负责。"

更广阔的空间和可能

当前，可以说北斗系统的建成改变了全球卫星导航系统的竞赛格局，也在不断地改变我们的生活和未来。

在徐颖的科普演讲和视频中，她用生动的故事代替高深晦涩的科学术语，用风趣幽默的语言为公众讲述北斗研发的故事。在她的讲述中，北斗正在润物细无声地影响我们生活的方方面面：当你的智能手环提示明天会有一场雷阵雨，当你用手机 App 查询附近好吃的饭馆时，都可能是北斗在为你服务。

在卫星导航系统业内有一句名言："卫星导航定位系统的应用，只受制于个人想象力的限制。"对此，徐颖的理解是：北斗已经应用于各行各业，怎么能够更好地让它按照每个行业的需求来为其提供服务，这就是所说的"想象力"，换句话说，就是科学的创新精神。"科技创新一定要有一片特别好的土壤，这就要从孩子、学校、教育，包括科普这些最细微的地方开始入手。"徐颖说。

因此，徐颖愿意在繁重的科研工作之余，一次次出现在大众面前承担科普的工作。"如果每一个科研工作者都能来讲讲自己最熟悉的领域，不用花太多的时间，也许就能让大家更多地发现这个科研领域的无限可能性，以及科研自身的魅力。尤其是对于孩子们，培养他们的科学素养，激起他们对科学的向往，那么再过 10 年、20 年，是一定能够看到成效的。如果我的一些话，能够让年轻人对科学有兴趣，让更多人可以试着用科学的眼光看问题，甚至哪怕只是让一个在科研领域大门前犹豫的女孩获得信心，我就觉得这个时间花得很值。"

徐颖相信，在未来，北斗会像空气和水，成为我们生活中必不可少的部分，为人类实现宇宙级的想象力。

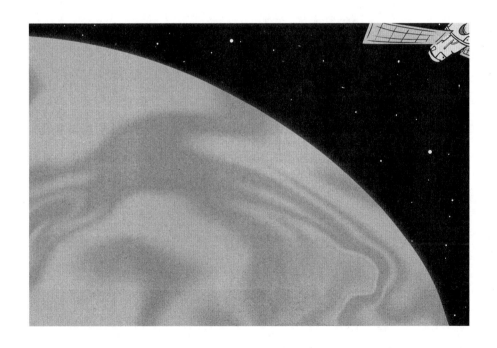

为 1% 的可能，付出 100% 的努力——李云鹤

李 婕

2019 年 3 月 1 日，在中华全国总工会和中央广播电视总台共同举办的 2018 年 "大国工匠年度人物" 发布活动暨颁奖典礼现场，一位白发苍苍的老者尤为引人注目。他就是被誉为 "壁画医生" 的敦煌研究院著名文物修复师——李云鹤。

从零开始奋斗拼搏

"万里敦煌道，三春雪未晴。" 在那片被三危山、鸣沙山怀抱在宕泉河谷地带的小小绿洲上，敦煌莫高窟与她的守望者们相互召唤、彼此守候。86 岁的李云鹤是那群守望者之一，他一守就是 60 多年。

1956 年，为积极响应国家有志青年支援建设大西北的号召，李云鹤和几位同学从山东出发，一同踏上西去新疆的漫漫征程。途中因外祖父要去探望在敦煌工作的舅舅，所以在敦煌逗留了几日。未承想，这一留，就是一辈子。

时任敦煌文物研究所所长的常书鸿一眼就相中了这个 "大高个儿"，他邀请李云鹤留下来。在夹杂着沙尘的凛冽寒风中，李云鹤从打扫莫高窟洞窟卫生做起。即使数九寒冬，这个拉着牛车一趟趟来回清理积沙的山东小伙子也经常

满头大汗。3个月后，李云鹤成为当年全所唯一转正的新人。

转正第二天，常所长把李云鹤叫到办公室："小李，我要安排你做壁画彩塑的保护工作。虽然你不会，但目前咱们国家也没有会的人，你愿不愿意干？"

"我愿意学着干！"李云鹤高声回答。

壁画空鼓严重，几平方米的壁画会忽然如雪花般飘落；起甲的壁画纷纷脱落，一千年前的斑驳色彩湮没于尘埃；满窟的塑像东倒西歪，断臂中露出朴拙的麦草束……李云鹤看着这些，很是心疼，总想做点什么，但不知从何做起，常常急得手足无措。

1957年，中华人民共和国文化部（今中华人民共和国文化和旅游部）邀请捷克斯洛伐克文物保护专家约瑟夫·格拉尔到敦煌474窟做修复实验，李云鹤得知消息后欣喜若狂，主动请缨担任助手一职。他仔细留意这位外国专家操作的每一个工艺细节。然而，格拉尔修复壁画时所使用的技艺和材料始终对中国人保密，他所采用的欧式壁画修复方法对敦煌石窟的病症并不十分适用，修复过的壁画开始出现胶水渗漏、地仗龟裂、纹理粗糙等现象。

资金匮乏，材料紧缺，李云鹤和同事打破局限，就地取材。他们去窟区树丛寻找红柳死木做骨架，将宕泉河的淤泥晒干制成质地细腻的澄板土，加水和成"敦煌泥巴"，反复揉捏，制泥上泥，最关键的一步就是对细枝末节的打磨。

怎样才能有效控制用胶量？李云鹤将格拉尔修复壁画时用过的医用注射器随身携带，没事儿就拿出来琢磨。有一天，院子里的小孩正捏着血压计上的气囊玩，他突然茅塞顿开。他用糖果换来了小孩手里的"小气球"，安装在注射器上。他欣喜地发现，修复剂可以酌量控制了——困扰他们许久的胶水外渗难题解开了。

李云鹤还找来质地细腻、吸水性强的白纺绸做按压辅助材料。他不断研究摸索，将自主合成的修复材料放在炉子上烤、冰面上吹晒。洞窟里光线不好，他就用镜子将阳光反射进洞窟，再借白纸反光修复壁画。

时至今日，李云鹤用"土办法"改良过的修复工具，依然是敦煌文物保护界的"王牌武器"。

在荒芜中"起死回生"

20世纪60年代，在所长常书鸿的帮助下，李云鹤开始跟着敦煌的"活字典"史苇湘学线描临摹，跟敦煌文物研究所第一位雕塑家孙纪元学塑像雕刻。

1961年，李云鹤迎来人生中的第一个修复任务——161窟墙皮严重起甲，稍有响动，窟顶和四壁上的壁画就会纷纷掉落。常书鸿对李云鹤说："161窟倘若再不抢救，就会全部脱落。你试试看，死马当成活马医吧。"

洗耳球、软毛刷、硬毛刷、特制黏结剂、镜头纸、木刀、棉花球、胶辊、喷壶……李云鹤把所有能想到、能找到的工具都拿来琢磨；表面除尘、二次除尘、黏结滴注、三次注射、柔和垫付、均匀衬平、四处受力、二次滚压、分散喷洒、重复滚压、再次筛查、多次起甲修复……这个喜欢跟自己较劲的年轻人，硬生生凭着自己的努力，摸索出一套完整的修复方法！

3年后，这座濒临毁灭的唐代洞窟在李云鹤手中"起死回生"。没有受过任何专业修复训练的李云鹤，完成了敦煌文物研究所历史上第一次自主成功修复一座洞窟，奠定了敦煌壁画修复的基础！

时间仿佛在窟区凝固，他似乎已穿透壁画，听到了古代工匠的心跳，与千年前的画师共诉笔下的庄严美好。

285窟中佛教形象丰富：藻井众神俯瞰苍生，四角异兽威震八方，印度画风安详俊逸，敦煌飞天雍容潇洒，所有的优美空灵在壁画中永久定格。

一天，李云鹤和另一个同事正站在几根木头搭成的架子上揭取修复，突然，一大块壁画砸下来，整个架子瞬间坍塌，他们俩也从两米多高的地方摔了下来。"护好壁画！"李云鹤的第一反应是把壁画紧紧护在怀里。壁画丝毫未损，李云鹤的双臂却在洞窟石壁上擦出了道道血印……

于传承中铸就中国荣耀

几十年中，李云鹤首创"空间平移""整体揭取""挂壁画"等多种壁画修复技法。

220窟甬道壁画重叠，曾有人为看色彩鲜艳的晚唐五代壁画，故意将表层的宋代壁画剥毁丢弃。

"文物也是有生命的啊！"李云鹤气愤地说。

李云鹤带着学生想办法对甬道进行整体搬迁。他将表层的宋代壁画小心剥离，原样移接在底层唐代壁画旁边。一侧古朴，一侧鲜丽，仅6平方米的甬道，竟然使两个朝代跨越百年，在同一平面相逢。

1994年，青海塔尔寺大殿墙体上的古代壁画遗留亟须保护。如果按照分块揭取的老办法将壁画全体剥离，等新墙建好再一块一块贴回去，那么，这幅140平方米的壁画将至少产生5平方米的损失。李云鹤对着数据反复琢磨，终于大胆决定：整体提取壁画！李云鹤先根据墙体尺寸制作模型，施工人员一边拆墙，他一边将壁画剥离固定到模型上。等墙拆完，壁画也全部重新贴好了。这项"毫发无伤"的大工程，唯一的消耗仅是几平方米的木材。

保护第一，修旧如旧，"壁画医生"李云鹤实现了文物修复的最高目标。

60多年来，李云鹤走访了全国11个省市，帮助国内26家文物单位进行一线修复和技术指导，经他修复的壁画达4000余平方米。

匠心呵护遗产，一代代人接续奋斗。李云鹤的孙子、在澳大利亚留学5年的李晓洋，在毕业之际放弃留在国外的机会，选择回到敦煌、回到爷爷身边。李云鹤说:"我的孙子是学装饰专业的,本来不想接我的班,但在我的劝说下终于改变了主意。我对他说,我们保护的是祖先留下的文化遗产,是在做一件有意义的事情。"

你才是自己人生的主角——白蕊

田　亮

"2021年年初我们把成果发表在《科学》（《Science》）杂志上，目前世界上没有第二个组可以做一样的研究出来。"

"我们的研究成果以封面的形式写进了国际最权威的生化教科书《生物化学原理》（《Principles of Biochemistry》）里。"

"我们做的东西比国外的都要好，为什么要出国？"

你能想象吗？这些无比自豪与自信的话，出自一名"90后"——西湖大学生命科学学院副研究员白蕊。这个1992年出生的女孩，近年来获得的奖项一个接一个，包括联合国教科文组织颁发的"世界最具潜力女科学家奖"。2022年11月3日，她又站上了阿里巴巴达摩院青橙奖的颁奖台，并获得100万元奖金。她是怎么做到的？

一个"狂妄"的想法

在自然科学领域，有3本顶级学术期刊：《细胞》（《Cell》）、《自然》（《nature》）、《科学》（《Science》），合称"CNS"。多少人曾为在CNS上发表一篇论文而呕心沥血，而白蕊博士毕业前就发表了8篇，其中5篇在《科学》上发表，3篇在《细胞》上发表。

白蕊是个内蒙古女孩，出生在呼和浩特的一个普通家庭，打小就热衷于问"十万个为什么"。她透露，小时候最喜欢问的就是：小鸟为什么会飞，而我不能？树叶为什么会在秋天变黄落下来……

父母给白蕊买了一套《少年儿童百科全书》，她很喜欢，特别是那本绿色封面的自然科学卷。随着年龄的增长，科普类书籍她越看越多。到了初中，她第一次接触了生物，觉得非常有意思，愿意花时间去学，考试能考得很好，这样她就更喜欢学了。到了高中，她遇到了一些与遗传病概率计算相关的题，当大家都不知道该怎么算的时候，她可以站在黑板前给大家讲解。这让她感到很光荣。填报高考志愿时，她自然选择了生物学。

在武汉大学求学期间，奶奶因癌症去世，对她触动很大。这让她想起姥爷，在她还不太懂事的时候，他也因癌症去世。"我内心很痛恨这种疾病，于是就产生了一个'狂妄'的想法：一定要攻克癌症。后来，我就找一些和疾病相关的课题、实验室，选择结构生物学作为研究方向，也是因为它和制药密切相关。"白蕊说。

2013年12月，时任清华大学教授的结构生物学家施一公受邀做客武汉大学珞珈讲坛，作了题为《生命科学、艺术与结构生物学》的报告。"他讲得富有激情，能感染人，做的研究又很前沿，就让我感到：天哪，原来做科研这么有意思、这么重要！当时我就决定将来一定要去他的实验室。"白蕊说。

稍早，武汉大学同一实验室的师兄问白蕊："你要不要出国深造？"白蕊回答没有想过出国的事。"你要是在国内发展，就去国内最好的结构生物学实验室。""那是哪个呢？""施一公老师的实验室。"

这是白蕊第一次听到施一公的名字。她去查阅了他的研究方向，发现他从事的就是与人类重大疾病相关的蛋白质研究，她一下子就被吸引了。

"90后"，冲

然而，白蕊的"追星"之路并不顺利。2014年夏，白蕊报名参加清华大学生命科学学院的暑期夏令营。无奈，在面试中，她表现得不好，落选了。"进不了清华夏令营，考研我也要考进清华。"这个执拗的女孩决定与清华"死磕到底"。

第二年，专业成绩第一名的白蕊获得了清华大学硕博连读的机会，如愿师从施一公。她坦言，刚到清华时，觉得自己就是一个"小白"。"施老师安排我们去做剪接体这样一个世界级的难题。我当时心里是发怵的。"白蕊说。

什么是剪接体？白蕊拿电影剪辑打了个比方："我们的遗传信息写在DNA（脱氧核糖核酸）里，但它只是遗传信息储存库，并不能直接执行这些功能，需要先形成RNA（核糖核酸），再形成蛋白质，然后由蛋白质来完成生命活动。但我们的基因是片段式的，不连续，就像电影素材一样，是一段一段的，不是从头拍到尾，需要一个剪辑师来完成片段的重新拼接。执行剪接的就叫剪接体。剪接体是由上百种蛋白质组成的大分子机器，它把不同的基因片段重新拼接，会表达出不同的蛋白质。人类的基因约有两万个，而蛋白质却有几十万种。剪接体的'取舍'一旦出错，就可能引发疾病。"

这不仅会让一个入门者发怵，即便放眼全世界，这也是个难题。有一次，施一公在组会上鼓励大家说："正因为它是世界难题，有着重大的科学意义，所以我们一定要去做。如果我们清华人都没有这个勇气去做的话，那我们来这里干什么呢？"

"我们都是'90后'，必须向前冲。要是不敢，第一步就输了。"白蕊说。

在"冲"的过程中，她还差点儿被"绊倒"。

2015年年底的一天，白蕊结束了几天连轴转的实验回到宿舍，正准备入睡，突然感到腿有些疼。仔细一看，腿上青一块紫一块。后来，她被确诊患了自身免疫疾病。她慌了，"为什么要把自己搞成这样，身体才是革命的本钱"。她开始静下心反思，觉得自己之前没有合理安排好时间。她决定在实验效率上下功夫。在生物实验的等待时间里，她要么同时进行其他实验，要么看论文。别人做一项实验的时间，她可以完成两项甚至三项实验。

在正式进入实验室半年后，白蕊和师姐万雪蕊在《科学》期刊上发表了重要成果，而后，她又与团队成员接连发表了数篇重要成果。

2018年，白蕊第一次拿奖——清华大学研究生特等奖学金。这是清华研究生的最高荣誉。虽然她后来得过很多次奖，但她最看重的是这一次。"这是我第一次因为一些成果得奖。从那时开始，我就下决心以后一定要比之前做得更好。"白蕊说。

随着一篇篇高水平论文的发表，2019年7月，白蕊提前博士毕业，仅用4年时间就完成了硕博连读。之后，她追随施一公，来到位于杭州的西湖大学从事博士后研究工作。在这里，她继续"死磕"剪接体。

99%的失败才换来一次成功

科研的道路不可能总是顺利的，"人生不如意事十之八九"。2017年5月的一个晚上，正在做实验的白蕊收到施一公的信息：她和团队的研究成果被对手英国剑桥大学的实验室抢发了。在白蕊看来，被竞争对手抢发论文，就意味着所做的努力前功尽弃。

其实他们的团队早在一年前就取得了成果，施一公也提醒要不要先发出来，但白蕊觉得还不够好，想再优化一下。"被别的实验室抢发成果这件事太令人痛心了，我希望这辈子都不要再经历了。"白蕊说。

不过，这个执拗的女孩怎么会认输？几个月后，白蕊在另一个课题——预催化剪接体前体上取得突破，捕捉到当时世界上最复杂的一个剪接体状态，并于2018年夏在《科学》期刊上发表了一篇文章，审稿人称这是史上最重要、最振奋人心的剪接体结构之一。

还有一件事，让白蕊整夜失眠，掉头发。

有一项实验，做了大半年时间，白蕊绞尽脑汁，所有方法都用了，到2020年年初，还是做不出来。她压力很大。"我们做这种研究，可能99%的结果是失败的。"失败了也要坚持，因为失败"至少证明这条路走不通"。

在白蕊看来，实验室里的人都太优秀了，如果自己不拿出全部精力去工作的话，就觉得不踏实。"我当时有一个信念：一定能做出来。后来，我彻底放空了几天，换换脑子，然后就想到一个点子，一做就成功了。"她说，"每天看实验结果的那一刻，我都会很激动。我们是在创造知识、发现知识，这些知识可能会帮助大家对这个领域有进一步的认识，这种感觉很奇妙。"这一次的研究成果也发表在《科学》期刊上。

这一年，白蕊获得了联合国教科文组织授予的"世界最具潜力女科学家奖"。"那天早上9点，中国科学技术协会给我打电话，我当时还没睡醒，因为前一天晚上做实验结束得比较晚。"对于获这个奖，她有六七成的把握，所以并没有很兴奋，"因为我们做的东西真的非常重要"。

在获得国际大奖背后，值得注意的一个事实是：白蕊是中国土生土长的科学家，至今没有出国深造的计划。她说："像剪接体分子结构这样的课题，国际上也只有三四个团队可以做，我们做得数一数二，我出国的意义几乎没

有。我不觉得从国外回来的都是很优秀的人，是否优秀也要看你在国外做出了
什么成果，有多重要。"

　　白蕊是一个爱笑的女孩。聊起这些故事，她几乎每句话里都有笑声。这
笑声，是乐观，是自信。她几次说"我一定能做出来"。也许这股冲劲儿，就
是她成功的秘诀。

人生不设限——白响恩

晔　子

　　每一次出发，对于白响恩来说都是一次新的探险。

　　她是中国新一代女船长，28岁时成为中国首位穿越北冰洋的女航海驾驶员。驾驶着"雪龙"号驰骋在北极的冰面时，白响恩仿佛看见了多年前的自己：一个小女孩，站在轮船驾驶室的外面，眼里都是渴望。

　　如今已是大学副教授的她，成了"招生简章"，经常出现在学校的宣传视频中。回望一路走来的历程，白响恩感慨："船航行在海上，可以驶向任何方向，船长的职责是在所有路线中规划出一条航线。人生也是这样，每个人好比规划航线的船长，要以对自己负责的态度选好发展的道路。"

被"禁止入内"

　　白响恩出生于航海世家，外公做了一辈子海员，父亲也从事航运工作。

　　小时候，她听父亲讲了很多船上的故事，因此对大海充满无限向往，"就希望长大后有一天，能够自己驾驶着船舶到达世界各地的港口"。

　　然而，这个理想的开端并不美好——最初，她是被"禁止入内"的。

　　"那个时候，没人觉得女性可以去开船。"

但白响恩偏不信邪。

2002 年，她考入上海海运学院（今上海海事大学）航海技术专业。同专业的 300 名学生中，女生不到 30 人。而且，每一个女生的专业名后面都会备注：船舶管理。

这时，她真正感受到，在"航海"这一男性占据绝对优势的领域，几乎没人想过让一名女性站在驾驶舱内指挥万吨巨轮。

她不服。

"面对那些固有的偏见，我不会直接反驳你，我会默默通过自己的努力，让你认识到女生和男生是一样的。我愿意用 5 年、10 年，哪怕是 20 年的时间，去改变大家固有的看法。"

刚开始上船工作时，所有人都晕船。很多男生吐得一塌糊涂，可白响恩忍住了。她把榨菜含在舌下，听说这样能防止呕吐。她心里始终憋着一股劲儿，"要吐也不能在他们面前吐"。

她在船上敲铁锈、刷油漆，然后去当水手、三副，做满 12 个月后又去应聘二副。所有的活儿到了她手上，她都尽力做到最好。

"没有先例，一切都是摸着石头过河，好在所有的学习与实践，都成了我身上最有用的'装备'。"

功夫不负有心人。白响恩后来如愿成为"育锋轮"第一位独立当班的女驾驶员。

"再选择一次，我还是会上船"

2012 年，已留校任教 4 年的白响恩遇到了一个难得的机会：中国科考破冰船"雪龙"号在上海海事大学招聘一名航海志愿者。她决定去应聘。

面试时，面试官问她："我们为什么要选你？"她回答说："因为你们要二副，我是；你们要求掌控仪器设备，我熟；你们要梳理资料、数据，我能；你们要到访其他国家，要会外语，我行。"白响恩成功了，顺利登上"雪龙"号远赴北极。

作为船上的二副，她的主要工作是规划"雪龙"号在极地科考中的航线，选出一条既经济又安全的线路。

冰区航行不比普通的海区航行，要时刻了解实时冰情，才能做出预判，控制航速，并找到精准的角度驶入浮冰区。在有些冰情严重的区域甚至需要几次前进、"倒车"才能够完成破冰，这需要绝对的耐心和细心。

"极地航行就是把生命交给未知，再有经验的船员都无法预判意外何时会来临。"2012 年 8 月 30 日，白响恩经历了一生中难忘的惊险时刻。

"雪龙"号向极点挺进时，行进十分困难。连续突破两道冰脊，被迫冲击第三道冰脊时，被困在冰中无法动弹。

前面是厚重的冰脊，后面是被强大气旋吹来的碎冰，船舶被团团围住，就像一只小蚂蚁。

他们提升马力，加速撞击冰脊，失败了；调整航向，让船舶转向，也失败了。10 多个方案都以失败告终。情况变得越来越危急，再找不到解决方案，可能所有人都会被永远留在北极。

关键时刻，她和大家一起，一次次调整压载水的位置，使船舶保持持续不断的摇晃，带动冰面自身的震动，最终成功脱险。那一刻，在场的很多人都落泪了。

冰上作业，危险和意外在所难免。一次，白响恩不小心一脚踩进了冰窟窿。"海水冰冷刺骨，我的腿仿佛被一万根针扎过，变得麻木、僵硬，整个身体几乎失去了知觉。"万幸，旁边的科考队员及时将她拽了上来。劫后余生的她无比后怕："那里的海水有 4800 多米深，一瞬间人可能就没了，我甚至没有给亲人留一封遗书……"

这是白响恩第一次面对生与死的考验。"如果真的遇到什么危险，我都没有给家人留下什么，可能会很遗憾。"后来，白响恩在驾驶台上给家里写了一封长长的信，通过电子邮件"寄"给了家人。

即便如此，白响恩仍将出海视为"人生幸福"。

"如果有人问我后悔吗，我会说绝对不后悔。让我再选择一次，我还是会上船。"

如今再回想起和"雪龙"号共同探险的时光，白响恩仍激动不已。她不断说起"雪龙"号科考成功的意义："过去我国的科考破冰船赴北极科考的航线都是往西北走，而'雪龙'号走的东北航线是我国首次穿越北极航道，意义非凡。亚洲的船舶如果能通过北极航道去往欧洲，可以比以往缩短 40% 的航程，会大大降低航运成本。此外，我们带回的科考成果也与全世界共享，为北极地区的海洋地理、化学、大气等各领域的研究带来了新的突破。"

2022 年，白响恩拿到了心心念念的船长证。从入学到出征，再到成为女船长，白响恩花了整整 20 年，同时也彻底推开了那扇"禁止入内"的大门。

成为"招生简章"

"我在实现自己的梦想后，发现这并不是我航海梦的终结，而是我梦想的开始——我能以教师的身份帮助更多的学生实现自己的梦想。"白响恩说。

如今，白响恩已成为上海海事大学商船学院航海系教授，她把更多的时间和精力用于海洋强国的建设和培养后继者上。

她主编了《航海导论》《航海英语听力与会话》等航海专业书籍，为大一学生开设"海事职业发展规划与设计"课程。

越来越多的年轻人视她为榜样，有学生对她说："老师，我想上船，我也想和您一样。"白响恩觉得很欣慰也很幸运："最初，我只想成就自己一个人的梦想，却没想到能影响这么多女孩。"她甚至还成为上海海事大学的"招生简章"，经常出现在学校的宣传视频中。

除了给学生授课，白响恩也努力让更多人理解航海、认识航海、喜欢航海。

她在网上介绍她的航海生活，还拍摄了"跟着白船长去看海"系列航海科普短视频——《为什么集装箱不会轻易跌落到海里》《船上的舷窗为什么是圆形的》《为什么船头有鱼眼造型》……视频中的她，在船舶现场或用船舶模型解释这些航海知识，深受大家欢迎，获得 1600 余万次的浏览量。

她也因为在航海科普中的优异表现，于 2022 年年底，荣获"第九届全国科普讲解大赛"一等奖。

她发现外界对航海、船员生活充满好奇，但大家对航海的了解程度并不像对航空航天了解得那么多。在白响恩看来，我国是一个海洋大国，要把我国建设为海洋强国，相关知识需要更多人去科普。"我觉得我们每个人都有蓝色基因，只是需要有人去唤醒。"白响恩说。

读书，是走出大山的唯一捷径——张桂梅

闻 珩

"我生来就是高山而非溪流，我欲于群峰之巅俯视平庸的沟壑。我生来就是人杰而非草芥，我站在伟人之肩藐视卑微的懦夫！"丽江华坪女子高级中学的誓词字字铿锵，诉说了对大山女孩展翅高飞的期许。这所本科上线率超过90%的山村学校，是一位伟大女性的苦心经营。她就是"燃灯校长"张桂梅，用自己的生命书写山村女孩的华章。

无畏的"玫瑰"

1957年，张桂梅出生于黑龙江省牡丹江市。她的家乡被称为"赤玫火笼"，意为"开满野玫瑰的地方"。家人将这个出生于玫瑰之地的女儿唤作"张玫瑰"，而由于工作人员失误，张玫瑰成了张桂梅。1974年，17岁的张桂梅跟随参加"三线建设"的姐姐来到云南省中甸县（今云南省香格里拉市）。历经四次高考，1988年，张桂梅成功考入如今的丽江师范高等专科学校，毕业后成为一名教师。

1996年，丈夫因病去世后，内心难过的张桂梅来到华坪县中心学校任教，在学生的陪伴中治愈自己，也寻找到了人生的终极理想。在一次家访途中，张

桂梅看见一个背着镰刀的小女孩，她坐在山坡上忧愁无措地眺望着绵延的山脉。张桂梅上前询问得知，女孩父母为了三万元的彩礼，让她辍学嫁人，可这个女孩年仅十三四岁，正是最好的年纪。回到家后的张桂梅情绪久久不能平息，女孩身上的故事并不是第一次发生。这座藏在大山里的县城始终有着重男轻女的思想，女孩们早早辍学，结婚生子，不断重复着上一代的命运。但张桂梅知道：唯有读书，才能走出大山；唯有读书，才能改变命运。

张桂梅不忍本有光明未来的女生在大山深处折翼，她决定创办一所学校，让贫困山区女孩免费接受高中教育。可是，她拿不出启动资金。2002 年，张桂梅带着自己所有的荣誉证书来到昆明街头筹钱，而人们却对她避之不及，以为她是个骗子。为了让孩子有书读，张桂梅忍下了许多白眼和议论，五年里筹集了一万块钱。这对于创办学校来说，简直杯水车薪。好在一篇关于张桂梅的报道——《我有一个梦想》在 2007 年出名，政府出资帮助张桂梅创办华坪女高。

2008 年，华坪女高迎来了第一批新生。与其他学校不同，华坪女高无条件接受愿意读高中的女生，她们都来自贫困家庭，而家庭也成为束缚她们的枷锁。家长听闻要让女儿读书，对张桂梅的态度并不是感激，而是排斥与抗拒。他们打心眼里认为女孩读书没用，在张桂梅再三保证学校会负担女孩的学费后，才勉强同意。由于学校的生源不稳定，女孩们在学习上十分吃力，就连老师们也不堪忍受艰苦的环境，许多人萌生了退缩的想法，张桂梅不厌其烦地劝说和鼓励，才留下了 94 位学生和些许教职工。

可以说，华坪女高的显赫名声离不开张桂梅的坚持。张桂梅人如其名，化作坚韧的野玫瑰，在三尺讲台上开得热烈无畏。

不近人情的校长妈妈

华坪女高首次参加高考就一战成名,学生全部考上大学,此后更是捷报频传。这些荣誉的背后,离不开张桂梅这位不近人情的校长妈妈。

张桂梅是一位不近人情的校长,她制定了严格的作息:每天早上五点半起,晚上十二点半睡,连上厕所都要跑着去。在校园里经常可以看见,天色未亮,张桂梅就拿着大喇叭,用力地敲开一间间寝室;上课时间,她锐利的双眼紧盯着犯困的学生;在办公室里,时常传来她教育退步学生的声音。不仅如此,张桂梅还是学校里最霸道、最"不讲理"的人,她和学生吵过架,甚至和学生产生过更激烈的冲突。因此,"周扒皮""大魔头"的威名在学校一直流传。

可是,这位严苛到极致的校长,同样也是整所学校最辛苦的妈妈。学生还在梦乡时,张桂梅就顶着黑夜将教学楼的灯打开,烧好热水再返回宿舍催促学生起床;无论刮风下雨,张桂梅都日复一日地陪着学生晨练;课后悉心帮助学习成绩薄弱的学生查缺补漏;深夜里,检查完每一间宿舍才疲惫地在钢架床上入睡。并且,张桂梅当真做到了将学生视如己出。每逢假期,张桂梅用双脚走遍华坪县的各个村落,了解学生的家庭情况,劳心劳力为学生解决所有难题。11万公里,是张桂梅用双脚走出来的家访路,也是张桂梅用爱丈量出的锦绣前程。

张桂梅真的不心疼辛苦的学生吗?不,她比任何人都爱孩子。但张桂梅清楚地明白,只有让学生走出大山,进入更广阔的天地,才能真正改变她们的命运。因此,她不得不隐藏起温柔的妈妈形象,用最不近人情的方式激励学生勇往直前。这位校长妈妈,用自己的方式守望着华坪女高。

待到山花烂漫时

膝下无子的张桂梅将所有的爱都奉献给了华坪女高的学生，宁愿燃烧自己也要点亮他人。

高强度的工作压得张桂梅喘不过气，生病更是稀松平常的事。65 岁的张桂梅患上了肺气肿、肾囊肿等 23 种疾病，每天都要吞下花花绿绿的药片，却还是止不住地头痛。痛得最厉害的时候，张桂梅会将自己反锁在办公室内，蜷缩起身体，企图麻痹自己缓解痛感。即使疾病缠身，张桂梅依旧放不下学生，拒绝住院治疗。张桂梅将自己工资的大部分都用于帮助贫困学生，她名下没有任何财产，一天只花 3 块钱，却将几十年积攒下来的 40 万元全部捐给学校。

2018 年，旧病复发，张桂梅疼得晕厥，连她自己都以为撑不过那个夜晚。奇迹般地，张桂梅醒来了，她躺在病床上有气无力地拉着县长的手交代请求："能不能把我的丧葬费提前支出？"她要看见自己的钱全部都用在孩子身上才放心。如此一幕，让在场的人都潸然泪下。身体转好的张桂梅不顾医生劝阻，坚持回到学校，身体痛就贴膏药、吃止痛药。短时间内，130 斤的张桂梅就瘦到了 90 多斤，仿佛一阵风就能把她吹走。

短短八年，华坪女高的一本上线率从首届的 4.26% 飙升到了 40.67%，甚至本科上线率一度排名丽江市第一。这些数字意味着学校越来越多的女孩展翅高飞，去感受更广阔的天地。但令张桂梅最感动的是，她的信仰影响了许多人，不少华坪女高毕业的学生放弃大城市的工作，选择回到母校，接过张桂梅的担子，帮助下一代困在山里的女生摆脱命运的束缚。

张桂梅像一束光，点亮了学生前行的道路，同时传递了希望的火种。40多年的坚守，2000 多名女孩的重生，可以说，张桂梅为女孩们山花烂漫的光明未来带来了希望。

　　春蚕到死丝方尽，蜡炬成灰泪始干。张桂梅校长将自己化为长夜明灯，竭力照亮山村女孩的明天。她摔过跤、流过泪、淌过汗，但她紧拽着"读书改变命运"的准绳，将学生的不可能变为现实，将困于大山深处的茧化为最美丽的蝴蝶，传承她的梦想，自由地飞翔于精彩的世界。

你的知识，终将点亮浩瀚星空——王亚平

思 归

　　有这样一位伟大的女性，她来自山东一个偏远小镇，平凡却不甘于平凡，从学生到飞行员再到航天员，是名副其实的"最美太空教师"。她就是第一位两度出征太空的女航天员王亚平，她用自己的坚持与汗水将遥不可及的童话变为触手可及的现实。

樱桃树下的女孩

　　1980 年，王亚平出生于山东省烟台市张格庄镇——中国大樱桃第一镇，所以王亚平的童年印象里总是有数不尽的樱桃树。王亚平的父母都是农民，在这片肥沃的土地上朴素而幸福地生活着。

　　王亚平从小身体素质就非常好，懂事的她经常帮助家里人做力所能及的农活。当干活累了，王亚平喜欢爬到最高的樱桃树上看着天空，王父看见身手灵活的女儿不禁调笑："爬这么高你怎么不上天呢？"其实，王亚平也有一颗想要展翅高飞的心，每次爬到树顶，她都会用力眺望远方，辽阔的天空是她的梦想。

　　王亚平不仅乖巧懂事，学习成绩也令父母安心，在学校一直担任班干部，

深受老师和同学的信任，她努力学习，成绩名列前茅。因为身体素质优异，王亚平在各级青少年运动赛事上崭露头角，体能不输同龄的男生。体育老师曾经建议王亚平报考体育院校，可惜王亚平因为身高未能入选。但王亚平没有灰心，条条大路通罗马，她继续准备升学。在 17 岁那年，她迎来了一个巨大的人生转折点。

1987 年，济南面向中学招收飞行员。得到消息的王亚平欣喜若狂，自己的蓝天梦有望实现！在父母和老师的鼓励与帮助下，王亚平一路过关斩将，成功拿到了长春飞行学院的录取通知书，成为中国第七批 37 名女飞行员之一。

从小镇农民到飞行员预备役，王亚平的人生充满了无限可能。谁也没想到，王父的玩笑话竟然一语成真，蓝天似乎触手可及。我们都赞叹王亚平的成功，但也不能忽视她背后的汗水与坚持。

巾帼不让须眉

在飞行学院的王亚平并没有顺风顺水，而是吃尽了苦头，经历了比常人更多的考验。

学院对她们的各项素质要求十分严苛，17 岁的王亚平承受的不仅是高强度的训练，还有教官的高要求和随时面临淘汰的压力，但她从来没有说过一句放弃。王亚平亲眼看见自己的同学因为体能不过关而惨遭淘汰，因为心理压力大而崩溃放弃。每当同学离开时，王亚平心里没有退缩，只是一遍遍地告诉自己：努力，再努力一点。她就像家乡的樱桃树，即使风吹雨打，却依然笔直地向上生长。

除了身体素质，翱翔于广阔天空的飞行员同样要具备强大的心理素质和应变能力。飞行员在执行任务过程中会遇到各种突发情况，如何及时冷静地解决问题，保证飞行的顺利进行是每个学员的一道难关。那段时间，王亚平泡在训练场里，学习繁杂晦涩的理论知识，熟悉细小按键的操作流程，早出晚归成了家常便饭。终于，王亚平面对问题不再不知所措，取而代之的是平静和果断，她正慢慢成为优秀的飞行员。

2001年，王亚平以总成绩第二名进入哈尔滨飞行学院深造，毕业后顺利进入武汉空军运输航空兵部队。进入岗位后，她以更加精益求精的态度磨炼自己的飞行技术，不仅掌握四种机型的驾驶方法，更是成为一名年轻的骨干飞行员。

2008年汶川地震，王亚平被任命为首批前往灾区支援的飞行员之一。为了能尽快将物资送达，王亚平从上午11点到晚上11点，不知疲倦地进行高强度工作。在某次运输任务时，突然仪表传来"水汽很大，出现轻度结冰"的危险警报，稍不注意就会机毁人亡。王亚平凭借多年经验和冷静心态，从容不迫地改变高度层，最终化险为夷。

在长达11年的飞行生涯里，王亚平飞行了1600多个小时，在同龄飞行员中是佼佼者。2009年，29岁的王亚平已经完成了自己的蓝天梦，恰逢我国开启第二批航天员招募，这次开放了女性选拔通道，王亚平知道自己又有了新目标。

王亚平凭借不屈的韧劲，脚踏实地地靠近自己的梦想。谁能想到来自小镇的女孩竟成为一位可靠、出色的飞行员？这真切诠释了"巾帼不让须眉"，谁说女子不如男！

来自星星的老师

当初，杨利伟搭乘载人飞船目睹神秘的太空时，王亚平就心生向往。恰好登上太空的机会近在咫尺，王亚平没有任何犹豫，第一时间就报名了航天员选拔。通过层层选拔，王亚平成为一名预备役航天员。但从预备役到正式航天员，她花费了整整三年。

在丈夫的支持下，王亚平投入自己百分之百的精力在日常训练中。比起飞行员，航天员所要掌握的理论知识更加纷繁复杂。王亚平不仅要学习 50 多门理论课程，还要适应颇有难度的模拟训练，只要有一项不达标，就会前功尽弃。航天员在上升和下降时会承受 8 倍重力加速度，换句话说，就是 8 个和你一样重的人压在身上，光想想就让人喘不过气。在失重水槽训练中，王亚平还要穿戴 120 多公斤的装备入水，完成 4 ~ 6 小时的既定操作，这也是难如登天。最让王亚平难受的是，第一次转移训练，她只坚持了 5 分钟，远远达不到 15 分钟的要求。面对头晕目眩的王亚平，负责人告诫她，坚持不下去就按旁边的红色按钮求救。但王亚平从来都不缺迎难而上的勇气，在夜以继日的训练中，她咬牙坚持，始终没有按下求救按钮。

2013 年，已经成为正式航天员的王亚平和聂海胜、张晓光一起登上神舟十号，完成人生中的首飞。值得一提的是，这次的飞行，王亚平承担了具有里程碑性质的太空授课任务。在距离地表 350 多公里的天宫一号里，王亚平在队友的协助下，为全世界的学生们展示了单摆运动、陀螺实验、水膜实验等，她用深入浅出的讲解和自信明媚的笑容，在许多孩子心中种下了航天的种子。

时隔八年后，王亚平再次登上太空并且执行太空任务 180 天，成为我国第一位出舱的女航天员，也是首位进驻中国空间站的女航天员。2021 年和 2022 年，王亚平再次站在了太空讲台，进行两次太空授课。在"寻找太空班的孩子"征集令中，王亚平得知当年观看首次授课的孩子有些已经进入航天领域，有些还在为此奋斗，她热泪盈眶，她的梦想火炬经久不熄，而且温暖了更多的孩子。

"最美航天员"王亚平美丽温柔的外表下是一颗坚韧不屈的心。从平凡的小镇女孩到荣誉满身的航天员，王亚平的道路充满荆棘，但她依旧能以强大的自信、永恒的毅力、坚定的信念稳步向前，一步步摘得梦想的果实。我们相信，王亚平的太空授课点燃了许多人心里的太空梦想，将来一定会有更多的人发出昂扬的声音：我们的征途是星辰大海！